KB157131

소울 러닝

Mindful
thoughts for
RUNNERS

* **일러두기**

마음챙김(mindfulness)

본문에서 자주 언급하는 이 단어는 불교의 수행 전통에서 기원한 명상법의 하나입니다. 과거의 기억이나 미래의 걱정에 마음을 뺏기지 않고, 지금 여기에 온전히 존재하면서 깨어 있는 의식으로 관찰하고 경험하는 것을 말합니다. '알아차림'으로 새기기도 하며, 반대의 의미로는 마음이나 의식이 지금 여기에 있지 않은 '마음놓침' 상태라고 할 수 있겠습니다.

길 위의 자유를
달리다

소울 러닝

***Mindful
thoughts for
RUNNERS***

테사 워들리 지음
솝희 옮김

한문화

◦ 추천의 글 ◦

자유롭고 충만한 **나만의 달리기**

달리기만이 주는 충만함이 있다. 달리는 그 순간에만 느낄 수 있는 자유로움이 있다. 과거에 대한 후회나 미래를 향한 걱정은 땀과 함께 녹아 흘러내린다. 달리면서 마주하는 햇살과 살갗에 닿은 바람은 평소와는 사뭇 다르다. 달리다 보면 더 멀리, 더 오래 달리며 살아있음의 환희와 경이로움을 느끼고 싶어진다. 그렇게 달리기는 한 사람의 인생 안으로 깊이 들어온다.

나는 달리기 자체가 좋아서 계속 달려왔고, 그간 내가 달렸던 모든 순간은 기적과도 같다. 내가 어떤 사람인지, 어떤 삶을 살아가고 싶은지를 나는 달리기를 통해 배웠다. 육체적으로 완벽히 이해하게 됐다. 그렇다고 빠르거나 느리다는 개념을 의식하는 것은 아니다.

달리는 데 다른 목적은 없으며, 그저 내가 달릴 수 있다는 사실 자체에서 의미를 찾는다. 그런데 어느 순간, 다른 목적이 생기는 순간이 온다. 예전의 나보다 혹은 남들보다 더 멀리, 더 빠르게 달리고 싶어지는 것이다. 기록을 재기 시작하고, 대회에 나가서 다른 사람과 나를 끊임없이 비교하며 어떤지를 확인한다. 그리고 잘 달리는 것이 마치 남들보다 멀리, 빨리 뛰는 것이라 착각하게 된다.

더 빨리, 더 멀리 달리는 것을 도와줄 만한 책들은 이미 시중에 많다. 러너들은 이런 책을 읽으려 하고, 실력 향상에 도움을 줄 다양한 장비를 마련한다. 체계적인 훈련을 시작하고, 부상하고도 달리기를 멈추지 않는다. 자신의 달리기에 만족하지 못하고, 자꾸만 할 수 없는 부분을 좇으며 애를 먹는다. 하지만 이런 달리기는 결국 러너의 자유를 억압하고 충만함을 빼앗아간다. 어느새 달리기는 하고 싶은 어떤 것이 아니라 해야만 하는 의무가 된다. 달리려는 마음에 부담을 주고, 부상은 나아지지 않아 결국 번아웃이 찾아온다. 그렇게 아예 달리기를 포기하는 사람들도 있다.

이는 달리기와 사랑에 빠져 무작정 더 빠르게, 더 멀리 달리고 싶어 앞만 보고 달렸던 나의 이야기이기도 하다. 어느 날 갑자기 세계

최고의 달리기 선수가 되고 싶다며 스물다섯에 케냐로 간 나는, 한때 심한 우울증으로 삶에서 아무런 의미를 찾지 못하고 방황했던 적이 있다. 그때 달리기가 내 삶으로 들어왔다. 살아가는 의미를 온몸으로 느끼게 해주었고, 나를 앞으로 나아가게 했다. 하지만 더 잘 달리고 싶다는 내 마음 때문에 절망하기도 했다. 달리기를 성취를 위한 수단으로 삼으면 결국 자신의 한계를 깨닫는 순간, 절망감만 맛보게 된다.

《소울 러닝》은 자유롭고 즐거운 달리기는 누구나 할 수 있다는 단순한 깨달음을 준다. 속도나 거리에 목매지 않고, 다양한 방식으로 달리는 행위 자체를 즐길 여러 방법도 알려준다. 이제 막 달리기를 시작하는 사람, 다른 목적이나 목표가 생겨 달리기의 즐거움을 잊은 러너, 더는 달리지 않는 사람, 그리고 다시 달리고 싶지만 두려움에 아무것도 하지 못하는 이들에게 나는 이 책을 추천하고 싶다. 저자는 달리기를 모험과 놀이로 만들어줄 다양한 지혜를 이 책 한 권에 담았다. 그리고 달리는 순간을 평온하고 자유로운 시간으로 뒤바꿀 만한 팁을 제공한다.

속도나 거리만을 생각하고 달리는 러너는 이 책을 읽고 어린아이 같은 마음으로 뛰던 그때로 다시 돌아갈 수 있을 것이다. 자유로움과 평온함, 창의성, 삶과 달리기의 연결성, 감각의 확장 등을 알려주던 달리기의 고유성이 다시 떠오를 테니 말이다. 처음 달리기를 시작했을 때의 환희와 자유, 호기심과 사랑을 떠올리면 달리기가 주는 영감은 회복된다. 다른 사람을 의식하지 않고 나 자신을 위해 달리는 순간, '자유롭고 즐거운 달리기'는 슬그머니 내 안으로 되돌아온다. 그때 우리는 다시 달리기를 사랑하며, 놀이처럼 뛸 수 있게 된다.

러너는 온전히 '나만의 달리기'를 해야만 한다. 그래야 자유롭고 충만할 수 있다. 달리는 한 사람, 한 사람은 저마다 달리는 이유가 다르며, 어떻게 달려야 하는지 '정답'이 있는 것도 아니다. 그저 달리면 그만이다. 이 책을 읽은 다른 독자들도 나처럼 '내가 할 수 있는 달리기'의 즐거움과 소중함을 다시금 떠올렸으면 한다. 그 경험을 간직한 채 자주 문밖으로 나가, 그 어느 때보다 자유롭게 달릴 수 있기를 바란다.

마인드풀러닝스쿨 대표 김성우

◦ 들어가기 ◦

달리기를 다시 생각하다

러너인 우리는 누구나 달리기의 육체성을 잘 이해하고 있다. 달리는 동안 경험하는 부침과 성취, 좌절을 이해한다. 달릴 때 기분이 좋아진다는 사실도 알고 있다. 달리기는 우리에게 활력을 주며 긍정적인 태도로 삶의 어려움을 더 잘 대처할 수 있게 한다. 마음챙김 달리기는 기본적으로 뛰면서 얻은 마음의 여유를 더 나은 방향으로 사용하게끔 도와준다. 현재에 온전히 집중하면서 무비판적인 자세로 생각과 감정, 감각을 섬세하게 살피면 우리 안에 있는 중요한 진실에 더 가까이 다가갈 수 있다. 외부의 영향 때문에 생기는 왜곡, 과거에 대한 후회와 미래를 향한 두려움에서 벗어나면 내게 가장 중요한 게 무엇인지가 명확해진다.

달리기는 오늘날 꽤 큰 사업이다. 심장 박동 모니터, 시계, 라이크라 소재의 의류 같은 전문 장비들이 시중에 엄청나게 등장했다. 하지만 러닝화 하나만으로도 충분하다. 운동화 끈을 조이고 준비 운동만 마치면 이제 새로운 세상을 탐험할 차례다. 도시의 포장도로, 시골길, 육상 트랙, 오르막과 내리막이 있는 산길, 해변, 황무지, 눈과 모래 혹은 바위나 진흙 위를 달릴 수도 있고, 여의치 않을 때는 트레드밀 위를 달리면 그만이다. 수 킬로미터를 뛰다 보면 새로운 자신을 발견하고 마음챙김 달리기의 힘도 깨닫게 될 것이다.

사람들이 달리는 데는 여러 이유가 있지만, 공통으로 추구하는 것은 단 하나다. 무아지경의 순간이 찾아왔을 때 머릿속에 들러붙어있던 일상 속 복잡한 생각들이 말끔히 씻겨나가는 기분을 느끼는 것. 그 순간 몸과 마음은 온전히 하나가 된다. 감각은 찰나의 기쁨과 함께 되살아나고, 발은 땅 위를 나는 듯 가벼워지며, 모든 것이 밝고 생생하게 빛난다. 이런 몰입의 순간은 모든 러너가 추구하는 성배와도 같다.

마음챙김 달리기는 우리네 인생의 모든 측면을 살찌우고 세상에서 가장 후미진 곳을 밝히고자 하는 사람들에게 하나의 모험을 선사한다. 그리고 세상뿐 아니라 내면의 나와 계속 소통할 기회를 제공한다.

이 책은 우리가 서로의 경험을 단순히 공감하는 데서 그치지 않고, 잠시 숨을 고르며 각자의 동기와 기대를 다시 살필 수 있도록 독려하는 데 목적을 둔다. 달리기는 하나의 습관이나 운동이 아니다. 마음챙김으로 얻은 관점은 달리는 삶에 깊이를 더할 뿐 아니라 어디까지 갈 수 있을지, 얼마나 성취할 수 있는지 같은 의문에 더 큰 깨달음을 줄 수 있다.

온종일 걸리는 크로스컨트리(포장도로를 피해 주로 산이나 들을 달리는 것-옮긴이)를 하든 동네 한 바퀴를 뛰든, 달리기가 주는 자유로움은 마음챙김의 기술을 연마하는 데 필요한 이상적인 조건이 된다. 러닝화 끈을 단단히 조이고 마음챙김의 자세로 달리는 일은 행복한 삶을 영위하는 데 큰 힘을 보탠다. 그것은 단순히 명상만 할 때보다 역동적이고, 달리기만 할 때보다 보람되기 때문이다. 몰입의 순간을 매번 누릴 수는 없겠지만, 길게 보면 분명 많은 것을 얻게 될 것이다.

차 례

명료함을 찾아서

"늘어지던 아침을 기운차게 시작할 수 있게 되었어." "하루 종일 일이 잘 풀리지 않았는데, 하루 끝에 절망과 무기력한 감정이 완전 바뀌었어." 모든 러너는 이렇게 달리기에 관한 경험을 하나 이상 나눠줄 수 있다. 우리가 달리기를 '잘' 해왔다면, 당당하게 어깨를 펴고 고개를 든 채 미소 띤 얼굴로 세상을 마주할 수 있다.

달리기를 통해 우리는 매일의 삶에 지대한 영향을 미치는 생리적·심리적 이점을 얻곤 한다. 에너지와 사고를 전환할 수 있고, 예리한 정신력과 사회적 상호 작용 능력을 드높이기도 한다. 생리적으로는 혈관 건강을 향상시키고 뼈를 튼튼하게 해주며, 콜로스테롤을 낮추는 장점이 있다. 심리적으로는 스트레스가 줄고 자존감이 높아지며 긍정적인 기분을 느끼게 된다.

달리기에 마음챙김의 기법을 더하면 더 많은 장점을 경험할 수 있는데, 그저 마음을 열고 발을 앞으로 내딛는 데에만 집중하자. 그 순간을 있는 그대로 받아들이며 달리다 보면 그 가운데 조화와 평온함이 찾아온다.

평온해지기

따로 시간을 내 붐비는 공원 벤치에 앉아 지나가는 러너들을 지켜보라. 일정한 리듬을 유지하며 뛰는 러너들을 눈여겨보면 속도와 리듬이 얼마나 제각각인지 감탄하게 된다. 그리고 그들이 일관되게 차분하다는 사실을 깨닫는다. 마음챙김의 대가 존 카밧진Jon Kabat-Zinn은 "달리는 동안 호흡과 호흡, 스텝과 스텝, 순간과 순간이 쌓인다. 거기에는 평온함과 명료함을 불러오는 고유의 명상 요소가 있다"라고 말했다. 실제로 달리기는 스텝과 호흡의 규칙적인 상호 작용에 초점을 맞추며, 그 순간에 주의를 기울이는 마음챙김 상태로 우리를 안내한다.

영화 제작자 마탄 로클리츠Matan Rochlitz와 이보 곰리Ivo Gormley는 동네 공원에서 명상 상태로 달리는 러너들에 주목했다. 그리고 그들을 좀 더 깊이 조사하고 인터뷰하면서 달리기가 가지는 본질이 평온함과 명료함이라는 사실을 깨달았다. 대부분의 러너는 그들이 다가가 말을 걸었을 때 놀라울 정도로 느긋한 태도를 보였고, 대화에 기꺼이 참여했다. 러너들의 열린 마음 덕일까 두 사람은 그들의 삶에서 특유의 통찰력을 발견했고, 달리기를 비롯한 인생 전반의 이야기도 들을 수 있었다. 도심 안에서 이토록 개방적인 사람을 만나다니 미처 예상 못 한 일이었다.

사람들 대부분은 처리해야 할 일이 너무 많아서 이동하는 동안에도 한눈을 팔 틈이 없다고 느낀다. 버스 안에 있는 낯선 사람에게 눈길을 주는 일조차 쉽지 않다.

달리기는 이런 러너들에게 마음챙김의 순간을 선사하고 있었다. 그리고 그로 인해 그들 머릿속에 있던 복잡하고 혼란스러운 생각은 차분해졌다. 명료한 사고가 가능해지면 러너는 자기 자신을 더 깊이 이해하게 된다. 정돈된 생각을 드러내며 인생에 대한 깊은 통찰을 보여준다.

정신적 어려움을 겪은 적이 있다는 한 러너는 비슷한 어려움을 겪고 있을 다른 이들에게 다음과 같은 조언을 남겼다. “기분이 나쁘다는 사실에 이유를 달거나 그것을 피하려고 애쓰지 마세요. 자기 상태를 있는 그대로 받아들이고 그걸 다른 누군가와 나눠보세요.”

또 다른 러너는 “과거와 미래를 염두에 두되, 그것들이 현재를 좀먹게 하면 안 됩니다. 현재가 당신이 가진 전부니까요”라며, 마음챙김의 태도로 얻은 지혜를 드러냈다.

순간을 살다

달리기는 마음챙김을 보조한다. 많은 러너가 달리는 동안 어느 정도 수준의 마음챙김 단계에 다다르려 무의식적인 노력을 기울인다. 이를 통해 우리는 반복적인 발 구름과 호흡이 이어지는 동안 비교적 쉽게 몸과 마음이 하나가 된다는 사실을 깨닫는다.

뛰는 동작에 집중하면 마음은 곧 진정된다. 그대로 현재에 머물며 몸으로 전해지는 감각을 음미하다 보면 하루의 긴장에서 벗어날 수 있다. 이 규칙성이 주는 해방감은 남은 하루뿐 아니라 인생 전체에 스며든다. 지금보다 더 차분하고 명료해졌을 때 우리는 비로소 매일 겪는 일상 속 어려움을 직관적으로 해결할 수 있을 것이다.

달리기 중독

러너가 아닌 사람들은 이해하기 힘든 러너들만의 특징이 있다. 바로 언제 어디서든 달리고 싶어 안달이 난 상태라는 것인데, 주로 며칠 동안 달리지 못했을 때 이런 모습이 나타난다. 차를 즐기지 않는 사람이 차 한잔으로 원기가 회복되는 만족감을 알 수 없는 것처럼, 러너가 아니면 좀이 쑤시듯 달리고 싶어 미치겠는 그 느낌을 이해하지 못한다.

달리기 중독이 되었다는 것

이런 상상을 해보자. 달리기에 매우 열정적인 친구들이 스스로가 얼마나 달리기를 사랑하며, 그의 인생에서 달리기가 얼마나 중요한지를 당신에게 열렬히 설명하고 있는 모습이다. 당신은 러너가 아닌데도 말이다.

당신은 이 건강하고 좋은 습관에 호감을 느껴 당장이라도 시도하고 싶어질지 모른다. 자신도 달리기를 좋아하게 될 거라 믿으며 의기양양한 태도로 뛰러 나가겠지만, 얼마 안 가 숨이 차올라 동작을 멈추고 금세 의기소침해질 것이다. '나랑은 맞지 않아'라고 느낀 당신은 한동안 뛰러 나갈 엄두를 내지 못할 수도 있다. 물론 어느 정도 시간이 흐르면 성급히 몇 번 더 시도하겠지만, 그만둘 수밖에 없는 상황이 계속되면서 사기는 더 떨어진다. 결국 당신은 본인에게 달리기는 맞지 않으며, 자질도 없다며 단정 짓고 다른 러너가 정상이 아니라는 결론에 이르고야 만다.

하지만 약간의 인내심이나 좋은 조건 덕에 진입 장벽을 무사히 통과한 경우라면 상황은 달라진다. 달리기는 인간이 할 수 있는 가장 자연스러운 동작 중 하나다. 그러니 제대로만 시작한다면 당신은 곧 달리기에 푹 빠지고 말 것이다. 그 감정을 알아채기도 전에 이미 몸을 움직일 게 뻔하다. 한 발씩 크게 내디디며 달리다 보면 리듬을 찾게 되고 호흡이 안정되면서 의외로 오래 달릴 수 있음을 깨닫는다. 완주할 즈음에는 차분해지면서 동시에 한껏 고조된다. 그렇게 우리는 자신감을 얻는다.

내 몸과 화해하기

한 번 해낸 일은 또다시 갈망하게 된다. 달리면서 느낀 성취감과 몸에 대한 믿음, 무엇보다 명상하는 듯한 리듬 속에서 찾아온 매우 차분하고 긍정적인 기분을 넘어서는 무언가를 말이다. 순간을 온전히 음미하며 달리는 몸의 감각에 집중하면 우리는 그간 잊고 있었던 방법으로 몸과 마음에 닿을 수 있다. 인체의 근육과 정신은 우리가 어린 시절 어떻게 달렸는지를 기억하기 때문이다. 하지만 슬프게도 어른이 되면서 사람들은 한때 몸과 맺었던 관계성을 잊곤 한다. 자가

용을 운전하고, 버스나 지하철을 이용하고, 책상에 앉아 일하는 삶… 이런 생활에 안주하면서 가상의 삶은 이제 현실보다 그럴싸한 현실이 됐다. 사람들은 갈수록 껍데기로 몸을 가리듯 움직임을 제한하며 몸을 사린다. 달리기는 몸을 움직이고 호흡하면서, 그리고 자기를 둘러싼 세계에 온전히 집중하면서 몸과 마음의 연결을 바로잡아주는 멋진 운동이다. 나아가 마음챙김 기술을 활용할 수 있는 가장 이상적인 기회다. 이를 통해 우리는 경험치를 높이고 일상 속 압박으로부터 해방감을 얻게 된다.

현재 어떤 일이 벌어지든 반드시 알아야 할 건 당신은 이미 러너이고, 이제 새로운 국면을 맞이했다는 사실이다. 알다시피 자신의 속도와 리듬을 찾으면 누구나 상상에서나 가능했던 몸과 마음의 조화로운 상태에 닿을 수 있다. 더 멀리 이동할 수 있으며 더 많은 경험과 모험을 누릴 수 있다. 그리고 언젠가 고통과 기쁨이 하나가 되는 지점에 이르게 된다. 일단 달리러 나가면 힘들긴 해도 당신은 충분히 버틸 수 있다. 또한 신체적인 한계를 극복하고 목표를 달성했을 때 찾아올 이로움과 은근한 기쁨을 안다. 물론 어려운 일이지만, 인생에서 값진 결과를 얻는 게 그리 쉽던가?

모든 달리기마다 나름의 보상이 있다. 당신이 얼마나 빨리, 멀리 달리는지는 중요하지 않다. 사람들은 누구나 각자 목표가 있는데, 달리러 나갔을 때 저마다가 정한 목표를 달성하게 되면, 긍정적인 결과가 자신에 대한 만족감으로 돌아온다. 며칠만 뛰지 않아도 더 간절히 그 느낌을 원하게 될 것이다. 도중에 멈추고 싶은 사람은 없다. 누구든 달리기가 주는 평온함, 긍정적인 느낌, 그리고 그것들로 얻을 수 있는 자신감을 끊임없이 갈망한다.

초보 러너인 당신은 얼마 지나지 않아 달리기가 생활 전반에 긍정적인 영향을 미치고 있다는 사실, 이미 삶의 일부가 됐다는 사실을 깨닫는다. 지독한 달리기 중독자가 되어버린 것이다.

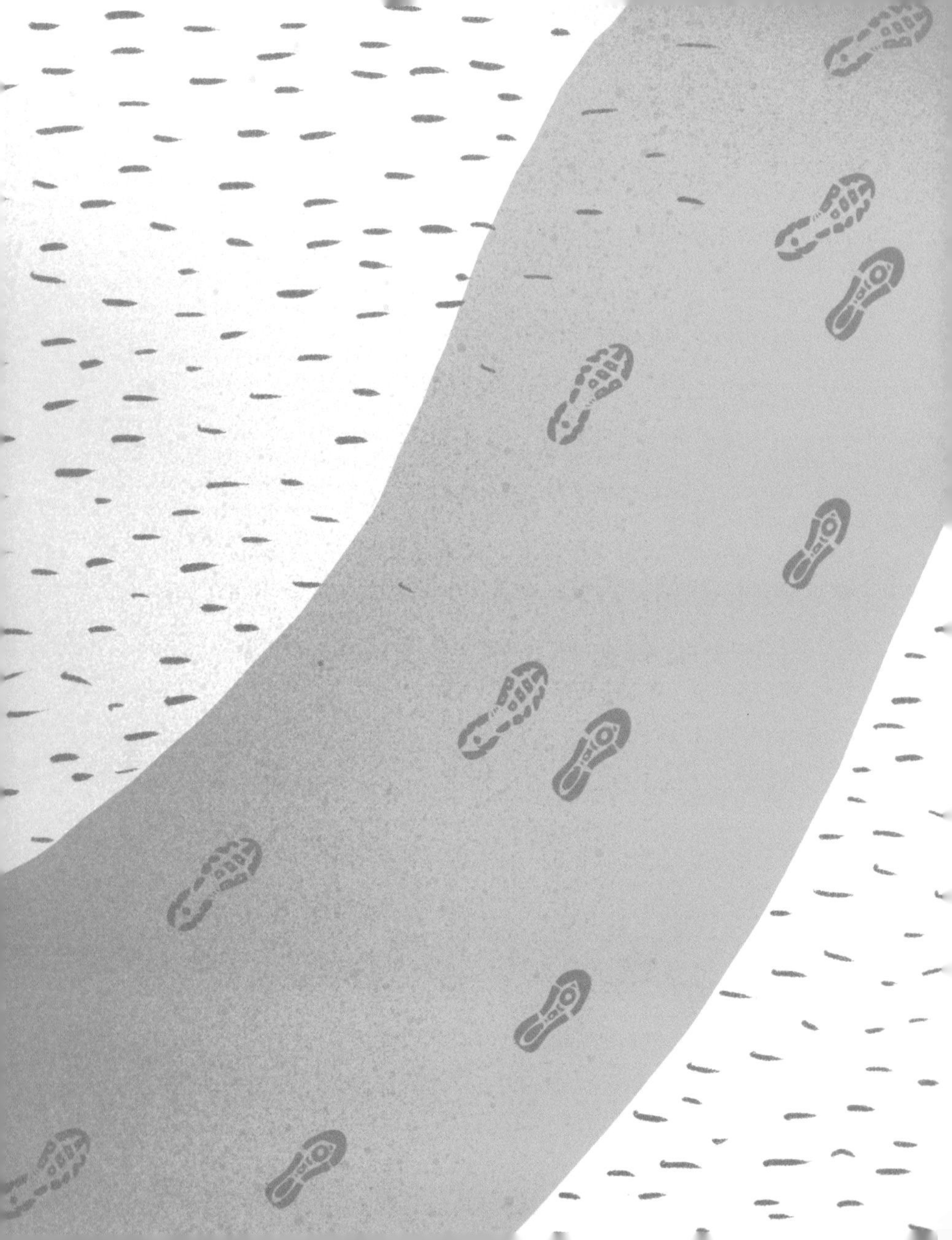

땅과 연결되기

달리기는 땅과 상호 작용하는 일이다. 그게 전부라 해도 과언이 아니다. 러너는 바닥에 물리적 힘을 가하며 자신의 몸을 앞으로 밀고 나아가야 하는데, 발과 땅이 접촉하면서 생기는 추진력이 달리면서 낼 수 있는 속도를 좌우한다.

땅에 디딘 두 발

마음챙김 러너에게 달릴 때 땅과 연결되는 감각은 필수 요소다. 우리 몸과 지표면 간에 상호 작용이 이루어질 때, 땅에 디딘 발은 현재에 속

한 개인의 의식을 일깨운다. 사람들은 자신이 비단 신체뿐 아니라 땅 그리고 바깥세상과 연결돼있다는 현실 감각을 느낄 수 있다.

마음챙김 자세로 달릴 때는 막 지나친 지형이 주는 압력과 감각의 변화를 느낄 수 있어야 한다. 마른 땅, 움푹 팬 흙길, 부드럽고 폭신폭신한 이끼가 덮인 숲길, 끈적이고 발이 쑥 빠져서 지나가기 힘든 진흙, 딱딱한 보도블록의 가장자리, 땅 위로 툭 하고 솟아오른 나무뿌리, 빗물이 고인 웅덩이 등등. 이 모든 지형이 전하는 감각의 변화를 살피라. 각기 다른 지형과 발이 맞닿을 때 저마다 다른 울림과 반응이 있다. 그 순간에 몰입하며 땅의 변화를 깨닫고 현재와 더욱 긴밀하게 연결되는 연습을 하자. 이를 통해 즐거움과 유쾌함, 더욱 더 생생해지는 기분 같은 것들을 경험할 수 있다.

주거니 받거니

땅은 언제나 우리에게 감각을 전해준다. 러너가 달리면서 땅에 발자국을 남기는 때가 바로 그런 순간이다. 촉감은 세계와 나 사이에서 이뤄지는 대화다.

이처럼 발을 통해서만 얻을 수 있는 특정 종류의 지식이나 장소가 불러오는 기억이 누구에게나 존재하는데, 인상이 남았다는 건 뭔가를 받았다는 의미이기도 하다. 이런 식의 상호 작용은 의식 속에 남는다. 내가 지나간 장소, 그에 관한 신체 지식이 쌓이면서 하나의 기억이 그대로 마음에 새겨지는 것이다.

발을 통해 전해지는 촉감과 압력의 변화를 알아채는 일은 정신적인 영역에도 영향을 미친다. 이를 통해 사람들은 어떤 사고의 결과와 관점이 변하는 것을 경험한다. 어떤 장소를 달릴 때 생겨난 복합적인 인식과 기억은 과거 자전거나 차를 타고 그곳을 지날 때 생긴 기억과 크게 다를 것이다. 자연 속을 달리는 일은 세상과 직접 맞닿을 기회를 얻는 것이며, 이는 다른 이동 수단이 흉내 낼 수 없는 영역이다. 공기와 땅, 직접 보는 풍경, 소리, 냄새 등을 통해 우리는 그 환경을 이전보다 더 생생히 떠올릴 수 있다.

맨발 달리기

땅을 더 가까이 느끼려는 맨발 달리기가 러너들 사이에서 유행처럼 번지고 있다. 신발을 벗는 행위는 피부를 한 꺼풀 벗기는 것과도 같다. 그로 인해 러너는 한 가지 깨달음을 얻는다. 자신이 땅에 취약해짐과 동시에 더 민감해졌다는 사실을 말이다. 맨발로 달리면 땅이나 식물을 타고 전해지는 습도나 햇볕의 온기처럼 이전에는 알지 못했던 미묘한 변화를 느낄 수 있다. 뾰족한 잎이 난 식물 위를 지나는 눈 깜짝할 사이를 알아차리게 되는 것이다. 길에 노출되는 순간 모든 감각이 증폭되어 훨씬 많은 것을 느낄 수 있고, 결과적으로 주변 환경과 더 끈끈히 관계를 맺게 된다. 모든 감각이 발화되면서 오롯이 살아있음을 느낀다. 그만큼 맨발 달리기는 내가 보내는 시간과 장소에 더 주의를 기울이게 한다.

맨발 러너들은 신발을 신지 않고 뛰면 만족감은 배가 되고 부상에 더 자유롭다고 주장한다. 하지만 더 빠르고 길게 달릴 수 있기까지, 발에 굳은살이 생기고 강해질 때까지는 몇 주에서 몇 개월이 걸릴 수 있다. 또 어떤 지형은 맨발로 달리는 일이 언제나 도전임을 기억해야 한다.

모든 달리기는 인간이 땅과 이어져 있다는 사실, 그래서 모두가 이 세상에 책임이 있다는 사실을 새삼 일깨운다. 그러니 달릴 때마다 내가 남기는 발자취를 명상하고 나라는 존재가 세상에 끼칠 수 있는 해로움, 탄소 발자국을 줄일 방법 등을 진지하게 고민하도록 하자. 물병을 재활용하고, 지속 가능한 방식과 공정 거래로 생산된 식품이나 섬유를 선택하듯, 러너만이 실천할 수 있는 영역이 있다. 더불어 자신과 미래를 위해 온 마음으로 지구를 지켜야 할 의무가 따라온다.

야생의 부름

인간은 누구나 야생에서 왔다. 그러므로 야생은 우리 내면에 깊이 새겨져 있다. 야생의 부름에 귀를 기울이고 상호 관계를 되살리기 위해, 우리는 자연으로 한 걸음 더 들어가야 하리라. 또한 새로운 시각으로 세상을 보고 영혼을 살찌워야 하리라.

세계와 다시 관계 맺기

마음챙김 달리기로 조금 다른 각도에서 세상을 볼 때, 우리는 온화하고 부드러운 시야를 얻게 된다. 좁은 사고의 틀을 버리고 시각을 살짝 넓혀 세상을 받아들이자. 그러면 주의를 송두리째 빼앗아가던

밝디밝은 빛과 시끄러운 소리에 더는 주의를 빼앗기지 않을 수 있다. 전보다 넓어진 관점, 마음챙김의 자세를 지닌 러너는 무엇이 다를까. 세상의 소리와 소리 사이에서 고요함을, 형태와 형태 사이 후미진 공간에서 그림자를 발견하게 된다.

세상에 존재하는 자잘한 부분만을 다르게 보는 건 아니다. 이들은 러너로서 풍경이 지닌 전반적인 아름다움과 경이, 그 안에 깃든 기회를 본다. 대지를 바라보며 언덕과 골짜기, 형태, 색, 강의 어우러짐, 숲과 바위가 지닌 장엄함을 발견한다. 그뿐 아니라 달리는 길 위에서 인간과 조화를 이룰 다양한 풍경을 만난다. 강둑으로 이어지는 바윗길과 그 길을 따라 솟아오른 능선, 그 너머로 모습을 드러낼 산봉우리, 아래로 이어지는 계곡, 울퉁불퉁한 길 끝자락에서 마침내 발을 담그게 될 호수 같은 것들을 말이다.

요즘 사람들은 많은 시간을 자동차와 빌딩에 갇힌 채 보낸다. 액정 화면을 보고 가상으로 소통하며 시간을 허비하기 때문에, 쉽게 자연과 단절되는 느낌을 받는다. 예전 모습을 되찾으려면 자연 속을 달리기 위해 밖으로 향해야 한다. 몇 발자국만 자연을 향해 내디디면 금세 계절을 느끼게 된다. 긴 여행을 마치고 돌아온 철새들은 큰 소리로 지저귄다. 벌레를 잡기 위해 높이 날아올라 화려한 비행술을 뽐낸다.

세상에는 한 해 특정 시기를 가리키며 계절을 일깨우는 작은 지표들이 무수히 많다. 하지만 현대인들은 인공조명이 켜진 공간에 앉아있다가 시간이 간 줄도 모르고 자주 당황한다. 나 역시 옷을 챙겨 입고 밖으로 나오고 나서야 날이 거의 저물었음을 깨달은 적이 꽤 많다. 자연과 다시 연결되면 영혼의 불안은 사라지고 차분함이 찾아온다. 땅속 깊은 곳에서 무언가가 계속 바뀌고, 계절 변화로 세상이 제대로 순환하고 있다는 사실을 깨달을 때 오는 안정감이 있다. 이로 인해 우리는 삶을 잠식할 정도로 부푸는 사소한 짜증과 불편의 감정을 한 발짝 떨어져서 볼 수 있게 된다.

경로 바꾸기

자연에서 달리는 일은 언제나 즐겁지만, 최고는 틀을 살짝 벗어날 때다. 평소와 다른 시간이나 더 먼 장소, 대부분의 러너가 피하는 좋지 않은 날씨, 사람이 잘 다니지 않는 길에서 달리는 것들 말이다. 이런 식의 추가적인 노력은 이따금 뜻하지 않게 마주친 자연 풍경으로 보상을 준다. 새로운 각도로 사물을 바라보면 일상적인 장면을 보는 개인의 관점이 갑자기 변하기도 하는데, 이를테면 폭풍우가 지난 뒤 먹구름 사이를 비집고 나오는 성스러운 햇빛을 보며 경외감에 사로잡히는 것이다. 내가 경험한 최고의 순간은 조용하고 갑작스러운 내 등장에 놀란 야생 동물을 마주했을 때다. 산속을 달리다가 모퉁이를 돌자마자 검독수리를 만났는데, 그때 느낌이 10년이 지난 지금도 생생하다. 움푹 들어간 검은 눈과 아래로 날카롭게 휜 부리를 가진 그 녀석은 차가운 시선으로 나를 탐색하고는 앉아있던 바위에서 날아올랐다. 독수리는 하늘을 덮을 만큼 큰 날개로 엄청난 바람을 일으키며 날았고, 내 머리 위로 흙먼지가 소용돌이쳤다. 이렇게 잠시나마 야생 동물의 공간에 함께할 수 있는 건 크나큰 특권이다. 또한 인간의 통제를 완벽히 벗어난 돌발적인 상황은 사람들에게 겸허함과 활기를 선사한다.

그런 면에서 나는 사람들이 자연의 부름에 기꺼이 응답하길 바란다. 일생일대의 기회와 모험을 받아들이길 권한다. 이 소중하고 특별한 순간은 인간과 세상이 연결돼있다는 심오한 깨달음을 주고, 더 멋진 관점으로 일상을 바라보게 한다. 달리면서 만나는 야생의 힘과 그 거대함은 더 큰 틀로 인간이 얼마나 보잘것없는 존재인지를 돌아보게 한다. 그로 인해 우리 인간은 겸손한 자세와 경이로운 마음으로 세상을 대할 수 있게 된다. 야생에 책임을 느끼는 일이 다가올 내일을 건강하고 영화롭게 살아가는 데 얼마나 중요한 가치인지를 새삼 깨닫는다.

오르막길과 내리막길

달리다 보면 누구나 갈림길을 만나게 된다. 한쪽 길은 오르막도 내리막도 없이 완만하고 평평하지만, 다른 길은 멀리 오르막으로 이어지는 변곡점이 보인다. 당신이라면 어떤 길을 택하겠는가?

도전하기

당신이 평평한 길을 고르는 쉬운 선택을 했다면 아마도 안정적인 속도로 뛸 수 있고 어떠한 방해도 받지 않을 것이다. 고생하고 싶지 않은 날도 있을 수 있으니, 하루 정도는 무난하다. 하지만 다음 날, 그 다음 날은 어떨까? 언제나 평평하고 편한 길에서 안주하기만 바란다면 세상의 절반을 놓치는 것과 다름없다. 더 강해질 기회를 놓치는 꼴이며, 언덕 꼭대기에 올라서야만 볼 수 있는 풍경을 만나는 건 기대할 수도 없을 것이다. 마찬가지로 내리막길에서 찾아오는 달콤한 안도감도 절대 맛볼 수 없다.

다른 선택은 앞에서 말한 훨씬 어려워 보였던 언덕길, 그 고생길이다. 언덕을 오르는 동안 몇 분 안에 땀을 흘리며 헐떡거릴 게 뻔하다. 그래도 어떻게든 뛰다가 걷다가 하면서 마침내 꼭대기에 오르면 그 순간, 형언할 수 없는 성취감을 느낄 것이다. 골짜기로 이어지는 내리막길을 바라보며 어서 빨리 내려가고 싶은 조바심이 일지도 모른다. 그리고 무엇보다 중요한 한 가지, 다음 도전에 직면했을 때 해낼 수 있다는 자신감을 갖게 된다는 사실이다.

언덕을 달리는 일은 상대적 차이가 전부라 해도 과언이 아니다. 즉, 평평한 길과 오르막길 중 어느 길을 택하느냐 하는 문제는, 평지와 비교해서 오르막 난이도가 어느 정도인지를 따져 결정하면 된다. 보통은 이 느낌을 비교해 결정한 선택지가 다른 선택지보다 더 낫다고 느낀다. 언덕을 오를 때 느껴지는 부침은 언덕을 내려갈 때 붙는 속도와 수월함의 관계를 고려했을 때 비로소 설명할 수 있다. 어둠이 있어 빛을 즐길 수 있고, 고통 덕에 쾌락을 인지할 수 있듯이 말이다. 비교 없이는 서로 반대되는 감정을 절대 표현할 수 없다.

강해지기

달리면서 마주하는 오르막과 내리막은 인생의 기복을 쏙 빼닮아 매우 유사한 방식으로 접근해볼 수 있다. 언덕은 삶에서 마주하는 어려움과 같다. 인생의 어려움은 피해 돌아가고 싶은 유혹이 강하게 들지만, 이는 단기적인 해결일 뿐이다. 인생 앞에 놓인 도전을 회피하면 의기소침해져서 절대 성장하거나 전진할 수 없다. 물론 도전은

두렵고 고되게 느껴진다. 하지만 그 과정에서 사람들은 몸의 힘을 사용하고 달리는 기술을 발전시키는 등 자신의 능력을 최대치로 끌어올릴 수 있다. 그 결과 자존감은 높아지고 더 많은 도전을 받아들일 자신감을 얻는다. 세상과 인생에 깃든 다채로움과 아름다움을 더 많이 발견하게 된다.

마음챙김 관점의 자세는 언덕 꼭대기에 다다랐을 때의 감동을 제대로 음미하도록 도와준다. 언덕을 오르기 시작했다면 우선은 목적지가 아닌 현재에 집중하고 여정을 즐겨야 한다. 몇 미터 앞에 시선을 두고 호흡에 주의를 기울이면 집중하는 데 도움이 된다. 중요한 건 모두 내 안에 있다. 몸을 움직여서 오는 쾌감, 근육과 힘줄의 당김, 폐가 타들어 가는 느낌이야말로 진정 살아있다는 증거다.

다만 이것만은 기억하라. 하나의 언덕이나 도전을 받아들이고 성취한 뒤 여기서 멈춰도 된다는 어리석은 생각이 들 수도 있지만, 언제나 다음 언덕, 다음 도전이 있기 마련이다. 언덕 꼭대기에 한 번 당도한 것은 한 번의 성취일 뿐 본연의 목표가 될 수는 없다. 하나의 언덕은 반드시 또 다른 언덕으로 이어지고, 개별적 성취는 세상과 자신을 향한 시야를 더 넓힌다. 우리 스스로가 더 발전할 수 있도록 안내한다. 그러니 한 번의 성취가 전부일 거라는 생각은 접어두자.

러너라면 달리면서 마주치는 언덕과 살면서 겪는 어려움을 포용할 줄 알아야 한다. 이는 피할 수 없는 여정이며, 우리를 더 강하게 단련시킨다. 또한 상대적 비교로 쾌감을 맛볼 수 있게 해준다. 직면한 도전을 거부하면 다음에 찾아올 또 다른 도전이 한층 어렵게 느껴지는 역효과만 불러올 뿐이다.

호흡의 힘

호흡은 감정과 신체의 균형을 유지할 때 사용하는 가장 강력한 도구다. 하지만 많은 이들이 그 잠재력을 허비하고 만다. 인간은 모두 숨을 쉬지만, 폐 위쪽 일부만 사용하는 얕은 호흡으로는 폐 전체를 구석구석 사용하는 깊은 호흡만큼 에너지를 제대로 만들지 못한다.

깊고 고른 호흡

호흡을 의식하고 호흡이 가진 능력을 극대화하는 것은 전반적인 삶의 만족도에 큰 영향을 미친다. 호흡을 잘 조절하면 인체는 교감 신경계를 지원해 감정이 균형 상태에 놓이도록 돕는다. 불안과 스트레스, 불면증 같은 증상이 '좋은' 호흡만으로 개선될 수 있는 것이다. 일상의 이런 부분들이 개선되면 건강과 행복의 거의 모든 면에 영향을 미치는 선순환 구조가 만들어진다.

깊고 고른 호흡을 일정하게 유지할 수 있을 때 생기는 이점은 이뿐만이 아니다. 달릴 때 명상하는 집중력이 강해지고, 규칙적인 케이던스Cadence(1분당 발 구르는 횟수-옮긴이)와 보폭(Stride)을 완성하는 리듬이 생겨난다. 이 강력한 리듬이 마음챙김 달리기의 기본 원리다. 달리기 자체가 매우 자연스러운 명상 수련인 이유도 바로 여기에 있다.

호흡을 방해하는 것

균형 있는 호흡을 방해하는 수많은 요소 가운데, 가장 최악은 주변의 다른 러너들이다. 다른 사람의 거친 호흡에 영향을 받아 내 호흡이 깨지는 위기의 순간, 아마 누구나 경험한 적이 있을 것이다. 이럴 때는 반드시 자신의 원래 호흡을 되찾는 데 집중해야 한다. 주변 러너들을 신경 쓰지 말고 스텝과 호흡을 연결하면서 리듬을 회복하자.

피로감 역시 방해 요소일 수 있다. 계속 달리다 보면 지치고 마음이 복잡해지면서 도움이 안 되는 생각들이 떠오르기 시작한다. '얼마나 더 가야 하지?' '다들 날 앞질러 가네?' '바람이 더 세지려나?' '너무 더워.' 인간의 정신은 이런 식으로 성공에 방해되는 생각을 얼마든지 만들어낼 수 있다. 호흡에 다시 집중하는 게 결국 완주의 열쇠임을 잊지 말자.

바르게 호흡하기

달리기를 시작하기 전에도 호흡을 가다듬는 게 도움이 될 수 있다. 코로 들이마시고 입으로 내쉬면서 몇 번씩 심호흡하라. 그리고 호흡이 주는 감각에 집중하라. 들이마시는 숨에 몸통이 얼마나 커지는지 인식하는 것이다. 이때 가슴이 올라가며 폐가 차오르는 감각, 몸 곳곳으로 영양분이 전달되며 강해지는 기분, 그 상태의 공기를 충분히 느껴야 한다. 들이마시는 공기량을 극대화하기 위해, 목과 척추를 곧게 펴고 가슴을 연 상태로 복식 호흡을 해본다. 숨을 들이마실 때 몸 내부를 채우는 공기를 느끼고, 내쉬는 숨에 주변 공기를 느끼면서 몸이 얼마나 유연하게 이완되는지를 살펴라. 달리기 시작 전에 이렇게 호흡하면 몸의 이완과 유연성의 감각을 가다듬는 데 효과적이다. 이때 경험한 감각은 몸이 기억하기 때문에, 뛰는 동안에도 필요할 때마다 불러올 수 있다.

달릴 때는 스텝과 호흡 사이에 리듬을 만들어야 한다. 몸은 호흡을 따르고, 호흡은 몸을 따르게 하라. 광활한 땅을 즐기는 데 집중하면서 피부와 머리카락으로 스치는 바람을 느껴본다. 그러면서 호흡과 스텝의 자연스러운 리듬을 찾는다. 마음이 복잡해지면서 이런저런 잡념이 떠오를 수 있다. 이런 생각들이 방해 요소가 된다면 다시 한 번 깊고 고른 호흡과 스텝에 집중한다. 들숨에 몸이 차오르고 날숨에 부정적인 생각이 빠져나가며 몸이 이완되는 감각을 느껴라.

이따금 달리기가 너무 힘겹게 느껴질 때는 어지간한 집중력으로 부족하다. 집중력을 강화해야 하는데, 그러기 위해서는 호흡을 유지하며 발 구름 횟수를 세는 게 좋다. 오른발을 열 번 구를 때마다 세거나, 스무 번 구를 때마다 세거나, 그건 상황에 맞게 선택한다. 반복해서 둘을 셀 수도 있다. “하나 둘, 하나 둘, 하나 둘” 이런 식으로 세면 움직임이 잘게 쪼개져서 현재에 집중하는 데 효과적이다. 불안은 사라지고 힘든 순간을 견딜 수 있게 된다. 규칙적인 호흡을 되찾아 편안한 상태가 되면 신체는 균형을 찾고 긴장은 완화되면서 부상 위험이 줄어든다. 나를 둘러싼 환경을 더 너그럽게 받아들이고, 마음챙김을 기반으로 한 호흡을 유지한다면 말 그대로 보폭 하나에 모든 것을 담을 수 있을 것이다.

그러니 아무렇게나 호흡하지 마라. 마음챙김 호흡법을 실천하며 달린다면 러너는 에너지를 회복해 산소 공급 능력을 최대치로 높일 수 있다. 몸과 마음이 편안해져 오래오래 행복할 수 있다.

날씨를 즐기기

일찍이 사람들은 거칠고 궂은 날씨와 씨름하거나 이런 날씨를 막아야 한다고 생각했다. 그래서 비가 오거나 추운 날에는 실내에 머물러야 한다는 인식이 깊이 뿌리 박혀 있다. 그러나 작가 알프레드 웨인라이트Alfred Wainwright(잉글랜드 북부 고지대를 걷는 사람을 펠워커fellwalker라 부르는데, 알프레드 웨인라이트는 전문 펠워커 중 한 명이다. 영국 장거리 경주 코스를 고안했으며, 걷기 관련 도서도 여러 권 집필했다-옮긴이)의 말처럼, 나쁜 날씨란 없다. 부적절한 옷차림이 있을 뿐. 이는 극도로 궂은 날씨를 맞닥뜨린 러너에게도 의미 있는 말이다. 태양의 열기, 폭우, 바람, 얼음과 눈, 이것들은 저마다 나름의 어려움이 있지

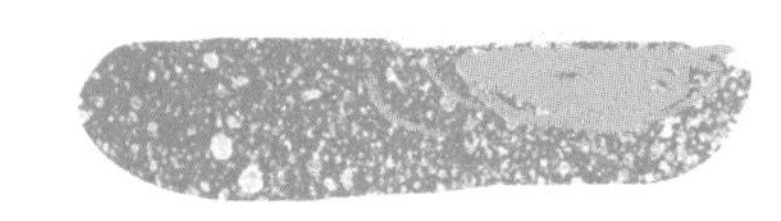

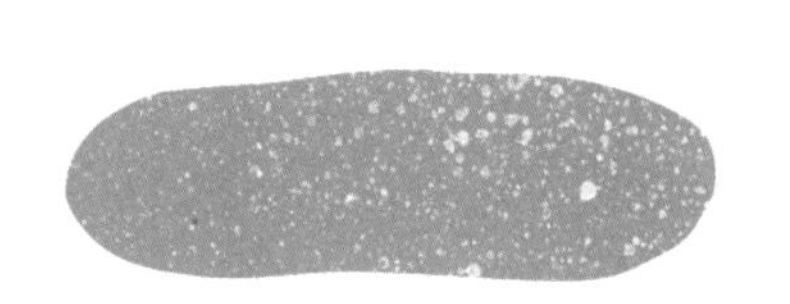

만, 대부분 옷차림만 적절하다면 안전하다.

비가 오나 눈이 오나

악천후를 대할 때는 무엇보다 정신 상태가 중요하다. 날씨를 대하는 사람들의 인식은 실제 조건보다 현상을 받아들이는 방식에 더 크게 영향을 받는다. 마음챙김 기술을 이용하면 인식은 쉽게 바꿀 수 있다. 가령 당신이 밖에서 달리는 중이라 상상해보자. 아름답고 화창한 날씨에 세상은 밝고 활기가 넘친다. 바람은 시원하고 풀과 나무는 푸르게 빛난다. 언덕은 지평선 너머로 호젓이 모습을 드러낸다. 수면에 닿은 햇빛은 잔물결을 일으키며 반짝이고, 상쾌한 바람은 풀숲 사이를 지나며 사락사락 소리를 만든다. 하지만 달리면서 점점 기력을 잃은 러너는 이제 태양의 열기가 거슬려 견딜 수 없는 상태다. 수면에 반사된 햇빛은 지나치게 눈이 부시고 맞바람까지 불어 시야를 방해한다. 날씨는 그대로인데, 쓸데없는 생각이 머릿속을 지배하면서 점점 날씨를 부정적으로 느낀다.

이때 약간의 마음챙김 기술이 필요하다. 이 기술로 생각의 틀을 바꾸면 날씨의 조건들을 다르게 바라볼 수 있다. 계속되는 눈부심과 타는 듯한 열기를 밝은 햇빛과 청명한 풍경으로 새롭게 인식할 수 있다.

대체로 사람들은 날씨를 있는 그대로 받아들이거나 세상이 준 오늘을 주어진 대로 즐기는 일에 너그럽지 못하다. 그런 경우 주어진 조건과 다투며 불평을 늘어놓고, 너무 부정적으로 생각하는 바람에 곧 다가올 미래가 두려워져 더욱더 현재를 즐기지 못할 때도 있다. 어떤 사람들은 전혀 행복을 느끼지 못하기도 한다. 너무 추워서, 너무 더워서, 비가 너무 와서, 바람이 너무 불어서… 심지어 날씨가 완벽한 날에는 '이게 얼마나 가겠어'라고 생각한다. 이렇게 사람들은 툭하면 자연과 실랑이를 벌인다.

태도를 바꾸기

내가 권하고픈 궁극적인 목표는 날씨를 있는 그대로 받아들이자는 것이다. 젖거나 추위에 떠는 걸 그다지 좋아하지 않을 수도 있고, 그래서 최악의 상황을 대비해 물리적인 해결책을 마련할 수도 있다. 하지만 중요한 차이는 날씨를 대하는 마음 상태다. 이를 악물고 어깨를 움츠리고, 고개를 묻은 채 비바람에 맞서고 있는가?

날씨를 받아들이고 적절한 옷차림과 긍정적인 마음을 갖추면 기대 이상으로 다양한 즐거움을 발견할 수 있다. 러너가 순간에 충실할 때 부정적인 생각에 도전할 수 있고, 그 결과로 해방감과 용기를 얻는다. 바람이 한순간에 얼굴을 공격해 분투해야 할 수도 있고, 비 때문에 지칠지도 모른다. 이럴 때는 자세를 정비하고 좀 더 느린 페이스로 계속 움직여야 하리라. 전투태세로 응하는 건 전혀 효과가 없다. 바람과 싸운다 한들 바람이 멈출 리는 없으니 말이다. 대신 어느 순간 모퉁이를 돌면 바람은 적이 아닌 친구가 된다. 바람은 이제 러너의 등에 손을 얹고 살짝 밀어 그가 목표 지점에 도달할 수 있도록 도와줄 것이다. 이때 비는 달아오른 몸을 상쾌하게 식혀주는 시원한 물줄기가 된다.

때로는 웃어넘기기 힘들 정도로 악조건인 날씨를 만나기도 한다. 유리 조각에 살을 벤 듯한 바람이 정면에서 불어와 앞으로 나아가기가 거의 불가능할 때도 있다. 그런데도 날씨를 가리지 않고 나아갈 때, 마음챙김 달리기는 우리에게 선물을 준다. 자연과 더불어 그 속에서 진정으로 하나 되는 최고의 기회를 누리게 해준다. 먼저 날씨를 받아들이자. 그러면 러너가 빗속을 달리는 동안 마음에 기쁨이 채워지고 이 고무된 상태를 몇 시간 동안 누릴 수 있다. 사방에서 불어오는 바람에 긴장감을 실어 날려 보내면 마음은 가뿐해지고 기분 좋은 몽롱함이 찾아온다. 날씨의 속성은 여전히 객관적이지만 사람들이 이를 대하는 방식은 주관적일 수밖에 없다. 현재를 살아가면서 날씨를 편견 없이 바라볼 수 있게 되면 눈과 비, 열기와 바람을 보는 관점이 바뀌어서 언제나 기쁘게 달려 나갈 수 있다.

자유에 관한 명상

자유를 정의하는 일은 쉽지 않다. 자유는 인간의 가장 기본적인 욕구이자 권리인데, 수많은 사람들이 형벌로 타인의 자유를 박탈해왔다. 이 때문에 많은 이들이 폭압적인 통치와 이념에서 벗어나기 위해 스스로 목숨을 바쳤다. 자유를 정의하기는 힘들지만, 자유가 없을 때 혹은 자유를 누릴 때 그 느낌이 어떤 것인지는 모두 알고 있다.

박차고 나가기

누구에게나 간혹 몸과 마음이 지치는 순간이 찾아온다. 사람들은 늘 정해진 방식대로 살기를 요구받는다. 특정 방식으로 옷을 입거나 행동하고, 사람들 속에서 일정한 속도를 맞추며 걷는다. 일하기 위해 매일 출근하고 가족과 사랑하는 이들을 돌볼 의무가 있다. 이제는 이메일이나 전화, 소셜 미디어로도 응답해야 하는 시대다. 일상이 어떻게 돌아가든, 온갖 의무가 인간이 눈을 뜨고 있는 매 순간을 지배하고 구속한다. 이 굴레는 때때로 사람들을 숨 막히게 한다.

달리기는 자유의 표상이다. 타인의 속박을 벗어난 자유이자 눌린 자기로부터 해방된 자유다. 이 목적 없는 움직임에 동참할 수 있는 자유는 우리가 책임을 벗어 던지고 문밖으로 나서기만 하면 누구에게나 주어진다.

몸과 마음을 자유롭게

나이가 들면서 사람들은 달리는 시간이 점점 줄어드는 경향이 있다. 더는 어린 시절 몸을 쓰던 방식대로 움직이지 않는다. 되도록이면 앉으려 하고 차츰 더 느리게 움직이며, 몸을 대하는 게 조심스러워진다. 하지만 달리기는 눈치채지 못할 사이에 몸을 자유롭게 한다. 서서히 굳어서 움직이지 않던 부분들이 해방된다. 우리가 밟고 이동한 실제 거리만큼 얻게 되는 장점이 무수히 많다.

밖으로 나가 달리는 동작은 가장 단순한 달리기 방식 중 하나인데, 이것이 우리의 자유를 증명한다. 혹시라도 이다음에 마음이 답답한 순간이 찾아오면 일단 밖으로 나가 달려보길 권한다. 작업복을 입은 채 달리는 2분 정도의 시간은 작은 모험이자, 삶에 즐거움을 주는 일탈이다. 우리 삶에 그런 자유가 허락된다는 사실을 이따금 깨닫는 것만으로도 충분하다. 삶에 자유가 존재한다는 사실을 알게 되면 이전에 짐처럼 느껴지던 일도 즐거운 도전처럼 여겨지고, 여분의 시간을 느긋하게 보낼 수 있다.

최단거리 달리기로도 충분히 마음챙김을 연습할 수 있지만, 오래 달리면 달릴수록 자유의 심오한 경지를 느낄 수 있다. 머릿속이 꽉 막히고 마음이 답답해 도무지 앞이 보이지 않을 때, 이럴 때 마음챙김 달리기가 필요하다. 마음챙김 달리기는 복잡한 마음속에 자유를 가져온다. 먼저 개개인의 리듬에 몸을 맡기고 생각의 흐름을 자유롭게 둬라. 오고 가는 수많은 생각들을 통제하지 말아야 한다. 막 달리기 시작했을 때는 나를 불안하게 하는 많은 생각이 앞다투며 머릿속을 차지하려 들 텐데, 이 상념을 없애려 하지 말고 그저 한 발 한 발, 한 호흡, 한 호흡에 집중하며 달리는 것이다. 그리고 생각의 속도가 더뎌지고 집착이 잦아드는 순간을 알아채야 한다. 호흡과 내딛는 발걸음이 얼마나 강한지도 같이 살핀다. 이 정도가 되면 이제 상념 따위는 그다지 신경 쓰이지 않는다. 당신은 이미 달리기를 온전히 즐기고 있다. 팔을 흔들 때마다 느껴지는 평온과 극도의 행복감에 젖어 들고, 그 움직임이 주는 리듬에 몰입하고 만다. 이렇게 달리면서 명상 상태에 이르면 감정의 파동은 줄고 마음은 곧 차분해진다.

끝까지 다 달리고 나면 앞서 하던 생각과 걱정이 다시 밀려오지만, 전보다 견딜 만하다. 덜 답답하고 의외로 단순하게 느껴지기 때문이다. 어려움을 극복할 한 가지 방법을 얻은 당신에게 그 문제는 이제 다루기 쉬워 보인다. 과도한 정신적 부담에서 벗어나 약간의 자유를 누린 대가인 셈이다.

운동화 끈을 조이고 밖으로 나갈 때 우리는 비로소 자유로울 권리를 행사할 수 있다. 삶의 압박과 자기 자신의 속박에서 벗어나게 된다. 또한 한 발 한 발, 계속 앞으로 내딛는 게 전부인 단순한 활동에 도전해 성공하고 나면 우리는 더 자유로워진다. 이 깨달음은 다가올 우리 삶에 자유를 보장할 뿐 아니라 일상을 지지해주는 든든한 버팀목이 된다.

창의적
달리기

모든 사람에게는 창의적인 에너지가 있다. 예술가나 음악가가 아니더라도 우리 모두 창의적 사고와 문제를 해결할 수 있는 능력을 갖추고 있다. 하지만 가끔 강가에 떨어진 나무토막이 물의 흐름을 방해하듯, 창의성의 배출구가 꽉 막힐 때가 있다. 물론 사람마다 분야는 다르겠지만 말이다. 이런 현상이 일어나는 이유는 각양각색이다. 살다 보면 복잡한 생각으로 머리가 가득 차거나 따라야 할 규율과 질서가 너무 많아서 이 창의력이 눌리는 순간이 있다. 또 가끔은 노력이 지나쳐서 오히려 답을 찾지 못할 수도 있고, 어떨 때는 잠재된 창의성을 스스로가 믿지 못해서 혹은 있다는 사실조차 몰라서 이런 일이 생긴다.

달리기는 누구에게나 있는 창의적 에너지가 제대로 분출되도록 도와주는 멋진 수단이다. 편안함을 주는 리듬에 기대 달리다 보면, 몇 마일까지도 거뜬히 뛸 수 있다. 몰입이라고도 할 수 있는 이런 상태에 다다르면 정신은 매우 평온하며 무의식이 작동할 충분한 여지가 생긴다. 장벽이 허물어지면 창의력은 터져 나온다.

흐름을 터라

이렇게 내면에서 저절로 생겨난 지혜는 자연스러운 접근이 가능하고 그걸 활용할 수도 있다. 이런 생각들은 막혔던 물길이 갑자기 트였을 때처럼 투박하고 방향을 예측하기도 어려울 것이다. 그러나 우리의 내면은 달리면서 적절한 생각을 고르고, 새로이 자리를 배치하며 최상의 선택을 찾아간다. 즉, 인간의 창의성은 새롭게 발상하고 그 결과물을 조합하는 방향으로 움직인다.

그러니 우리에게는 창의적인 의견, 예술 작품, 한 단락의 글 등 모든 생각을 수면 위로 꺼내 올릴 여유 공간이 필요하다. 생각은 자유롭게 머릿속을 떠다니다 감각과 논리를 만나 자연스레 새로운 발상으로 이어지고, 필요한 질서를 갖춰간다. 형식적인 방법과 기술로 그토록 얻고자 노력할 때는 떠오르지 않던 발상과 창의력이 몰입의 상태에서 드디어 모습을 드러낸다.

지성적 사고에서 벗어나기

달리면서 마치 날고 있는 듯 느껴지는 순간들이 있는데, 이 특정 감각은 마음챙김을 다루는 글에는 종종 언급되는 '집착하지 않는 정신(non-graspingness of mind)'을 지니고 뛸 때 찾아온다. 이런 개념을 선뜻 이해하는 건 어려울 수도 있다. 인간이 자기를 통제하고 있다는 느낌을 좋아하기 때문에, 더 접근이 어려운 것이리라. 인간의 지성은 주변 세계를 이해하고 범주화하며 모든 것을 구분하고자 애쓴다. 하지만 세상은 생각처럼 단순하지 않다. 그렇기에 전부를 이해해서 구분하고 통제하려는 사람들의 바람은 이루어지기 어려우며, 이럴 때 뇌는 큰 혼란에 빠진다. 그러나 잠시나마 지성을 사용하지 않고 그대로 두면 그동안 알지 못했던 무수히 많은 에너지가 방출된다. 그리고 이전에 사용해본 적 없는 어떤 힘과 연합해 자연스럽게 명확성과 결단력을 발휘한다. 눈에 힘을 빼고 먼 곳을 바라보는 것과 비슷한 원리다. 가까이 있는 어떤 물체를 한 번 본 뒤 눈에 힘을 빼고 먼 곳을 응시하면 물체를 둘러싼 더 큰 맥락을 파악할 수 있다.

창의적이기로 둘째가라면 서러울 사상가 중에서도 달리기를 영감의 도구로 활용한 몇몇이 있다. 그중 오늘날 사용하는 컴퓨터와 인공 지능의 토대를 마련한 창의적 사상가 앨런 튜링이 꽤 유명하다. 튜링은 1947년, 장거리 마라톤에서 2시간 46분이라는 기록을 냈을 정도로 달리는 속도가 빨랐다. 이듬해 열린 올림픽에서는 전체 15위를 차지할 정도였다. 현대를 살아가는 예술가 중에서도 무라카미 하루키, 조이스 캐롤 오츠, 말콤 글래드웰, 퍼프 대디, 얼래니스 모리셋 등이 달리기로 영감을 얻고 있다. 국제 달리기 축제(International Festival of Running)가 처음 열렸을 때 각종 분야에 종사하는 사람들이 모여들었다. 그들의 직업은 철학자, 인류학자, 공연 예술가, 그래픽 디자이너, 문화 지리학자, 대학교수, 교사, 음악과 명상 전문가 등으로 다양했지만, 이들은 모두 러너였다.

다시 돌아와서 우리는 정신적 통제를 느슨히 할 필요가 있다. 그래야만 기존 지식을 이해할 수 있고, 새로운 자원에 닿을 수 있다. 새로운 생각과 개념을 거부감 없이 더 쉽게 받아들이면 새로운 지식을 얻을 기회, 이해의 폭이 활짝 열린다. 마침내 창의성이 막힘 없이 흐르게 된다.

좀처럼 가지 않는 길

달리기의 반복적 리듬은 마음챙김을 수련할 때 매우 효과적인 부분이다. 하지만 반복하는 행위에만 의존하다 보면 달리기는 어느덧 지루한 일상이 되고 러너는 쉽게 타성에 젖고 만다. 매일 아무 생각 없이 밖으로 나가 발이 이끄는 대로, 언제나처럼 뻔한 경로를 달리게 되는 것이다.

미지를 탐험하는 즐거움

의식하지 못한 이런 행동들로 수많은 러너들이 미지를 탐험할 엄청난 기회를 스스로 놓치고 있다. 마음챙김은 그 이면에 타고난 호기심을 가지고 있는데도 말이다. 이 감각은 자신뿐 아니라 주변 환경에 대해서도 늘 민감하게 반응하기 때문에, 순간을 음미하거나 현재 벌어지는 일을 알아차리는 데 유용하다. 가령 달리다가 샛길을 발견하면 사람들은 이 길이 어디로 이어질지 궁금해한다. 호기심을 그대로 따르면 사람들은 세상의 경이에 감탄하고, 보이지 않는 세계에서 벌어지는 사건을 발견하며 자극을 얻는다. 그렇게 사람들은 삶에 매료된다.

달리기는 각자가 살아가는 지역 내 환경으로 우리를 이끈다. 평소 다니지 않던 길을 탐색하도록 하고, 일상에 신비로움을 더해줄 멋진 기회를 선사한다. 그러니 모험심과 호기심을 발휘해보는 건 어떨는지. 새로운 장소나 여행하고 싶은 길 혹은 풍경 같은 것들을 찾아 나서자. 계획은 집을 나서기 전부터 시작될 수 있다. 지도를 준비해 벽에 붙이고 가보지 않은 장소나 몰랐던 경로를 탐색하라. 이전에 달려보지 않은 짧은 구간만 달려도 익숙한 곳을 낯설게 볼 수 있다. 회색빛 땅덩이가 무질서하게 뻗어있는 도시 외곽에서 숨은 보석과도 같은 탁 트인 들판을 발견할 수 있는 것처럼, 이미 다 안다고 생각했던 장소에서 미처 몰랐던 아름다움을 건질 수 있다. 그렇게 세상의 즐거움과 경이를 발견하길 바란다.

출장 갈 때도 러닝화를 챙기자. 지루해 보이는 콘크리트 정글 속에서도 낯선 길을 따라 달릴 때 발견할 수 있는 특정 장소가 있다. 공원이나 수변 산책로, 유서 깊은 자갈길처럼 주로 흥미를 끄는 공간들이다. 모퉁이마다 뜻밖에도 영감을 주는 장소가 숨어있어서 일하는 날에도 예상 밖의 즐거움을 끌어올릴 수 있다.

우리를 밖으로 불러내는 것들

매일 같은 시간대에, 몇 개의 경로만 돌아가며 달리다 보면 시야가 좁아질 위험이 있다. 주변에 흥미를 끌 만한 요소가 별로 없으면 새로운 경험을 쌓을 기회도 그다지 없거니와, 나와 근거리에 있는 부분에만 초점을 두기 때문이다. 이런 상황에서는 성공의 기회도 개인 역량에만 의지하게 된다. 시야가 좁아지면 러너의 실행력이 떨어졌거나 개인 한계에 부딪혔을 때 달리는 동기를 잃을 위험이 있다. 동기 부여가 잘 안 될 때, 우리는 뛰지 않아도 될 이유를 찾는다. 그러다 보면 달리는 횟수가 줄어 성공을 경험할 기회가 줄어들며, 침체기가 시작되면서 달리는 횟수가 더 적어지는 악순환에 빠진다.

집중력을 온전히 유지하며 달릴 때 우리는 자신뿐 아니라 주변을 둘러싼 환경 속에 머물 수 있다. 새로운 발견과 경험은 달리기에 꾸준한 활력이 되므로 이때 러너는 새로운 장소에 매력을 느낀다. 달리기에 꾸준히 흥미를 느끼고 있는가? 그렇다면 성공의 기회는 더 늘어날 것이다. 우리를 언제나 밖으로 불러낼 긍정 요소가 하나 더 생긴 셈이다. 즐거움을 느끼면 느낄수록 더 달리고 싶어지고, 달리고 또 달릴수록 성공을 경험할 기회는 늘어난다. 긍정적인 나선형 구조는 점점 더 자라고 견고해진다.

잘 다니지 않는 길을 선택하라는 말을 문자 그대로 받아들일 필요는 없다. 접근 방식을 살짝 바꾸는 것으로도 충분하다. 예를 들어 다른 시간대에 달리거나 이제껏 달려보지 않은 사람들과 뛰어보는 것이다. 아니면 평소에는 피하게 되는 날씨 속을 달려볼 수도 있겠다. 정해진 루틴을 벗어나는 간단한 선택일 수도 있는 것이다. 평소 습관이라는 이유로 자신에게 한계를 덧입히지 않도록 노력하고 자기 생각과 부딪쳐야 한다. 미국의 조경 디자이너 존 브링커호프 잭

슨John Brinckerhoff Jackson도 말하지 않았던가. "미지를 향해 떠난 길 끝에서 우리는 결국 자신을 발견하게 된다"고 말이다. 평소 잘 다니지 않는 길로 발을 내디딘다면 결국 그 말이 이루어질 것이다.

달릴 때마다 우리는 나를 둘러싼 환경과 나 자신, 내가 차지하고 있는 세상 속 위치를 새롭게 배운다. 외적 풍경을 마음챙김 자세로 음미하면서 내적 풍경이 더 선명해지는 경험을 한다. 세상의 경의를 만끽하며 호기심을 갖고 기운차게 달리면 뛰는 일이 점점 더 즐거워진다. 그래서 더 자주 나가서 달리고 싶어질 것이다. 이것이 좀처럼 가지 않던 길을 선택한 데서 오는 큰 보상이다.

자신을 조절하기

어릴 때부터 자주 듣던 〈토끼와 거북이〉 우화를 떠올려보자. 이때 우리는 장거리 경주를 완주하기 위해서는 처음부터 빨리 달리고 싶은 과욕을 다스리는 게 매우 중요하다는 교훈을 얻었다.

토끼가 단숨에 이 진리를 깨달았던 것처럼, 빨리 출발한다고 반드시 먼저 도착하는 건 아니다. 페이스를 조절한다는 건 스스로 자제하며 미리 속도를 늦추거나 멈추는 과정을 의미한다. 이게 어렵게 느껴질 수도 있지만, 직접 경험하며 자발적으로 속도를 조절해보면 덜 지치고 훨씬 더 높은 목표에 다다를 수 있음을 누구나 이해할 수 있다. 하지만 페이스 조절 실패는 러너의 수준과 무관하게 가장 흔히 저지르는 실수이기도 하다. 달리기 동호회 사람들이 흔히 하는 말처럼, 올림픽에 출전한 선수들도 인터뷰에서 자주 토로한다. "초반에 너무 빨리 달렸어요." "마지막엔 힘이 하나도 없었어요." 이런 절망의 심경을 듣고, 그 모습을 목격하면 자신을 조절하는 일이 정말이지 어렵다는 생각이 든다.

페이스 조절에 실패하는 가장 큰 원인은 다른 사람을 지나치게 의식해서다. 많은 러너가 빠른 속도로 앞서 나가는 사람들을 보면서 뒤처질까봐 두려워한다. 그리고 필요 이상으로 더 빨리 달리려고 애쓴다. 하지만 우리 각자는 알고 있다. 자신의 최선이 어디까지인지. 필요한 에너지와 낼 수 있는 에너지의 차이는 사람마다 다를 것이다. 그러니 다른 사람을 본보기로 삼으려 하지 말고 자기 안을 들여다보자. 토끼와 달렸던 거북이처럼 우리도 자기만의 달리기 페이스를 이미 안다. 러너는 마음챙김의 의식 흐름 중 하나인 알아차림(Awareness)을 통해 특정 자극에 선택적 주의를 기울일 수 있다. 이를 통해 자신에게 가장 잘 맞는 페이스를 유지해도 좋다는 자신감을 얻게 된다.

힘을 아끼기

에너지란 한정된 자원이다. 마음챙김에서 비롯한 자기 알아차림(Self-awareness) 과정은 현재 자신의 에너지 수준을 효과적으로 판단할 수 있게 돕는다. 또한 달리기를 마칠 때까지 필요한 에너지와 보유하고 있는 에너지의 균형을 조절하는 법을 터득하게끔 한다. 이는 우리 인생에서처럼 달릴 때도 활동과 휴식의 균형을 찾아가야 함을 의미한다. 에너지는 매우 귀중한 자원이기에 그만큼 조심스럽게 다뤄야 한다. 이때 마음챙김의 자기 알아차림이 개인이 가진 에너지 수준에 맞게 달리기 페이스를 조절하도록 우리를 이끄는 것이다. 덕분에 러너는 에너지를 더 잘 활용하고 목표를 달성할 수 있다.

효율적인 속도에서 벗어나게끔 러너를 유혹하는 특정 행동이 있는데, 그중 하나가 오토파일럿Autopilot(항공기, 로켓, 선박 등이 조종사 없이 일정 움직임을 유지하도록 돕는 조종 제어 장치-옮긴이)을 켠 듯 목적 없이 달리는 것이다. 오토파일럿은 빠르게 목표를 달성하기 위해 무작정 돌진하기만 한다. 그러나 이런 서두름은 러너가 자신에게 기대하는 그 어떤 기준도 충족시키지 못한다. 결국 좌절과 실망만 안

길 뿐이다. 달리기에서 이 오토파일럿은 러너가 목표한 시간 안에 도착하지 못하거나 완주하지 못하는 상황이 일어날 수 있음을 의미한다. 하지만 달리기에 마음챙김의 알아차림을 적용하면 아무 생각 없이 돌진하기만 하는 행동을 막을 수 있다. 서두르는 대신 현재 순간에 머물면서 자신의 에너지 수준을 세밀히 조절하게 된다. 그로 인해 러너는 자신에게 가장 적합한 속도를 유지하며 달릴 수 있다.

결승선에 다다르기

달릴 때 우리는 "트랙에 모든 걸 쏟아부어라"라는 말을 자주 듣는다. 이는 달리기를 마칠 때까지 자기가 가진 힘의 마지막 한 방울까지 탈탈 털어 소진하라는 뜻이다. 그런데 달리기에서는 시간을 완벽하게 맞추는 것도 중요하다. 초반 몇백 미터에서 자신의 모든 에너지를 써버린다면 목표를 이룰 수 없는 것이다. 나만 해도 낙관적인 기분에 들떠서 힘차게 출발했다가 결국 다른 러너들에게 수도 없이 추월당한 뒤 녹초가 된 몸을 이끌고 힘겹게 경주를 마친 경우가 수두

룩하다. 러너들은 오랜 세월, 초반에 힘껏 달려 끝까지 버틴 뒤 세계 기록을 세우며 경기를 마치고자 애써왔지만, 이는 불가능했다. 원하는 시간 안에 도착하기 위해서는 결국 고른 페이스를 유지해야 한다는 뼈아픈 교훈만을 얻었다.

경험이 많은 러너일수록 초반에 서두르지 않고 자기 자신을 잘 살피며, 기계적으로 달리지 않는다. 또 주변의 다른 러너에게 초점을 두지 않는다. 험난한 경기 후반부에 이르면 다른 러너를 추월할 때 사기가 엄청나게 오르는데, 특별히 이 감정은 자신이 다른 이에게 추월당할 때 느끼는 사기 저하와는 완전히 대조적이다.

자신의 속도를 깨닫는 일은 삶에서 매우 중요한 교훈이다. 천천히, 신중하게 행동하고 생각 없이 무작정 내달리거나 목표 없이 인생을 살지 말아야 한다. 대신 현재에 머무는 법을 배우고 자기 자신의 상태를 알아채도록 하자. 그러면서 들어오고 나가는 에너지의 균형을 맞춰가는 법을 갈고 닦아 최고의 결과를 얻자. 현재 내리는 선택은 나중을 위한 것이다. 우리가 목표에 도달하기도 전에, 완전히 지쳤을 때 찾아올 수많은 불안과 후회를 덜어주기 위함이다.

오래 달리기

체력과 날씨가 받쳐준다면, 아주 기분 좋게 장거리 달리기를 시작할 수 있다. 길은 눈앞에 펼쳐졌고 시간도 충분하다. 장거리 달리기는 모든 일을 뒤로하고 보폭에 몸을 맡긴 채 자기에게서, 일상에서 벗어날 가장 좋은 기회다. 호흡과 호흡, 스텝과 스텝이 단순하게 이어지는 것이 장거리 달리기만의 묘미지만, 몸이 피곤해지면 여기에도 어려움이 따른다. 이러한 어려움 역시 마음챙김 기술을 잘만 활용하면 극복할 수 있다. 완전히 지쳐서 나가떨어지는 일 없이 목표에 도달하게끔 도와주는 것이다.

오늘날 자신만의 공간과 시간을 가질 기회는 매우 드물고 소중한데, 사실 이 부분은 정신 건강에 두고두고 좋은 영향을 미친다. 다른 사람들의 생각과 의견에 휘둘리는 대신 자신의 마음이 어떻게 작동하고 나아가는지 그 과정을 확인하면 그만이기 때문이다. 더불어 세상을 보는 나만의 관점을 세우고, 세상이 우리를 어떻게 대하는지를 지켜볼 수 있는 시간과 공간을 얻게 된다. 그런데 달릴 때 정말 우리 머릿속에서 이런 일이 일어나는 걸까?

달리는 사람들의 머릿속에서 무슨 일이 벌어질까 하는 문제는 달리지 않는 사람들에게 매우 신비스러운 일이다. 그래서 러너들은 밖에서 온종일 달리는 동안 무슨 생각을 하느냐는 질문을 자주 받는다. 아마 러너들 대부분은 이 질문에 답하기 어려울 것이다. 굳이 답을 하자면, 대부분이 초반 몇 분을 제외하고는 거의 머릿속이 텅 빈 상태로 달렸다고 할 것이다.

푸른 하늘을 천천히 떠다니는 구름 조각처럼 기억의 파편이 러너의 머릿속을 지난다. 하지만 그들이 특정 생각에 초점을 두고 있는 건 아니다. 이 생각들은 흔적을 남기지 않고 바람처럼 사라진다. 어떤 러너들은 이를 마음챙김의 밑바탕을 이루는 선禪의 상태로 여길 것이고, 또 어떤 러너들은 그저 하나의 생존 방식 정도로 생각할 것이다.

부정적인 생각 흘려보내기

달리는 동안 몸이 리듬에 익숙해지는 순간이 오기 마련이다. 그때는 마치 그날 하루와, 달리고 있는 길이 끝없이 이어질 듯한 기분이 든다. 물론 길이 끝날 때까지 달리지 않을 이유는 없다. 하지만 장거리 달리기가 모두 그렇듯 몸과 마음이 저항하는 시기가 분명 찾아온다. '내가 왜 이 짓을 하고 있지?' '정말 끝까지 달릴 수 있을까?' '발이 쑤시는데… 뭐, 잠깐 정도는 걸어도 되겠지?' 이런 의심과 불안을 양분으로 부정적인 생각이 자라난다.

이 순간에 마음챙김 기술이 필요하다. 먼저 호흡에 주의를 기울이고 리듬을 되찾자. 호흡을 조절할 수 있게 되면 자세를 바로잡는다. 무릎을 앞으로 향하고 발은 땅에 가볍게 두어라. 몸이 가볍게 느껴지고 부담이 줄어들 것이다. 부정적인 생각의 소용돌이에 빠지지 않도록 주의한다. 부정적인 생각의 존재를 인정하되 흘려보내는 것이다. 그러면 머지않아 평정과 균형을 되찾을 수 있다.

오래 달린 후에 얻는 것들

마음챙김 자세로 달리면서 주변을 둘러보라. 현재 내가 머무는 장소를 충분히 감상하며 내면의 초점 너머에 있는 것들로 시선을 넓혀라. 장거리 달리기가 주는 즐거움 중 하나는 내가 밟는 땅의 범위가 확장된다는 점이다. 꽤 먼 거리를 이동하다 보니 내가 사는 지역을 벗어나 보다 많은 곳을 관찰할 수 있는 것이다. 이를 계기로 생활 반경을 벗어난 더 넓은 지역에서 경험의 새 지평을 열 수 있다.

장거리 달리기를 통해 얻을 수 있는 즐거움이 하나 더 있다. 일차 욕구, 바로 신체에 미치는 효과다. 하루 중 많은 시간을 야외에서 보내면 엄청난 허기와 피로가 찾아온다. 음식은 더할 나위 없이 맛있고 잠도 잘 온다.

신체적, 정신적 이로움과 더불어 개인이 추가로 맛볼 수 있는 건

강렬한 성취감이다. 좋은 일은 이렇게 연이어서 온다. 이로 인해 사람들은 자존감이 높아지고 자신감도 얻는다. 먼 거리를 달린 다음 날, 몸은 여기저기 쑤실지언정 영혼은 깊은 평온과 만족, 자기 알아차림 상태가 된다. 장거리를 뛰어본 사람이라면 누구나 공감할 수 있는 내면의 지식이 이제 러너 안에 있다.

당신의 몸에 귀를 기울여라

달리기는 마음챙김 능력을 드높일 훌륭한 수단이 된다. 이는 달리는 행위 기저에 깔린 명상의 속성이 러너의 삶을 특정 방향으로 이끌기 때문인데, 달리는 당사자는 매 순간을 힘들이지 않고 직관적으로 음미하는 사람으로 바뀐다. 마음챙김 기술이 고취된 상태에서는 러너로서도 이전보다 큰 성취를 이룰 수 있다.

신호 알아차리기

달리기는 마음챙김의 자세를 유지하며 자신을 신체적 한계까지 밀어붙이되 그 한계를 넘어서지 않도록 균형을 잡는 활동이다. 모든 러너는 부상당하거나 달리기를 잠시 쉬어야 하는 상황을 두려워하는데, 고로 러너들이 고전할 때는 몸 상태를 제대로 알아차리는 게 중요하다. 사람들은 대개 운동할 때 자신을 한계까지 밀어붙이는 과정을 익힌다. 하지만 안전 한계를 벗어난 상황을 알아차리고 적절히 대응하는 법도 같이 알아야 한다. 과도한 운동이나 지나치게 자기 자신을 밀어붙이는 행위는 아차 하는 순간 부상과 질병을 초래하고, 강제 휴식으로 이어질 수 있음을 기억하자.

온몸 탐색하기

자신의 몸에 집중하고 현재 상태를 철저히 살피는 게 예방 수단이 될 수 있다. 달리면서 이런 상태를 유지하는 것은 현재 순간과 자기 자신을 온전히 발견할 유용한 방법이다. 우리는 신체에서 느껴지는 불편감과 달릴 때의 감각을 용의주도하게 살필 수 있다. 이로 인해 심각해지기 전에 상황을 분별할 수도 있다.

본격적으로 달리기 시작하면 몸 이곳저곳을 차례대로 살피는 시간을 가져야 한다. 몸이 움직일 때의 맥박, 긴장과 이완의 흐름이 어떤지 주목하는 것이다. 긴장을 풀고 몸의 흐름을 의식하면 힘들어지기 시작할 때 뒤바뀌는 느낌을 알아차릴 수 있다. 중간중간 이렇게 몸을 탐색하는 과정을 거치면 달리면서 맞는 다양한 국면에 몸이 반응하는 방식을 읽게 된다. 그렇게 우리는 신체적 스트레스에 대처하는 법을 배운다.

체력이 좋아지면 몸의 변화를 더 잘 알아차리게 되고, 몸 상태가 좋은 날과 나쁜 날을 제대로 구분하게 될 것이다. 이렇게 전신을 살피면서 병이나 피로 때문에 몸이 아픈 상태를 알아가고, 쉬는 법을 배워야 한다. 쉬엄쉬엄하고 나중에 다시 강도를 높이는 편이 무리하다가 너무 오래 쉬는 것보다 낫지 않은가.

오늘의 달리기를 되돌아보다

달리기를 마치고도 마음챙김의 상태를 유지하자. 그러면 몸과 마음의 알아차림을 이어갈 수 있다. 마무리 운동과 스트레칭을 하면서 달릴 때 자신의 신체와 정신이 어땠는지 되짚어본다. '달리기가 어떻게 진행됐지?' '통증의 정도는 어땠더라?' '멈추고 싶은 순간에 계속 달릴 수 있었던가?' '멈춰야 했거나 무리했다는 신호는 없었나?'

러너는 이런 식으로 몸에 귀를 기울이고 마음챙김의 자세를 유지하면서 자기 자신과 교류한다. 이를 통해 어떻게 최고의 몸 상태를 만드는지, 언제 멈추고 언제 밀어붙여야 하는지를 배운다. 달리기는 장비 의존도가 낮은 스포츠다. 육체와 정신이 우리가 가진 전부이기 때문에 그것들을 조화롭게 만들고 능숙하게 다루는 법을 익히는 게 중요하다.

마음챙김의 자세를 줄곧 유지하며 달리면 개인적으로 좀 더 깊고 명료한 깨달음을 얻을 수 있다. 사람들은 살아가면서 자신만의 육체적, 심리적 경계를 견고히 쌓아 가는데, 마음챙김 자세로 달릴 때 이 경계를 깨닫는 기술이 조금씩 변화한다. 자신을 밀어붙여야 하는 순간과 멈춰야 하는 순간을 받아들이면서 자신의 한계를 배우기 때문이다. 이는 달리기에서뿐 아니라 인생에서도 중요한 교훈이 된다. 사람들은 저마다 각자의 리듬과 한계를 가지고 있다. 깊은 자기 인식을 바탕으로 그 한계를 설정할 수 있다면, 어떤 선택을 하든 다른 누군가가 일러주거나 부상으로 마지못해 멈추는 것보다 낫다. 많은 러너들이 마음챙김의 자세로 자신을 살피다가 종종 놀란다. 자기 스스로가 예상보다 훨씬 강하고 더 많이 인내할 수 있음을 깨닫기 때문이다.

부상에 대처하기

아무리 마음챙김과 달리기로 삶의 균형을 유지하려고 노력해도 가끔은 병이 나거나 다쳐서 달리지 못하는 경우가 생길 수 있다. 러너는 신체적 건강과 정서적 건강이 강력히 연결돼있다는 느낌을 특히 자주 받는다. 그렇다면 부상과 질병으로 하는 수 없이 쉬어야 하는 기간에는 어떻게 정서를 다스려야 할까.

달리기가 삶에서 큰 비중을 차지하게 되면 이 운동이 삶을 견고하게 유지해주는 접착제처럼 느껴지기도 한다. 실제로 달리기는 신체적, 정서적 회복 탄력성을 키우는 도구로 활용될 뿐 아니라, 사회관계망과 공동체 의식의 중심 역할을 하기도 한다. 달리기는 자의식과 매우 강하게 연결돼있어서 혹시 뛰지 못하게 될 경우, 자기 자신을 잃은 듯한 기분에 사로잡힌다. 달리지 못하는 기간이 아무리 일시적이라 해도 불안과 나약함을 느낄 수 있고, 남은 생을 어떻게 헤쳐나가야 할지 자신의 능력을 의심하게 된다.

인정하고 받아들이기

달리기를 멈추는 일이 퇴보처럼 느껴질 수 있지만, 그렇게 생각할 필요는 없다. 마음챙김을 실천하다 보면 회복과 재활을 마주했을 때 큰 도움을 얻을 수 있으니 말이다. 어떤 회복 과정이든 초기 두 단계에서 인정과 수용이 이루어지는데, 마음챙김은 이 과정이 제대로 완수되도록 돕는다. 즉, 마음챙김은 정서적 두려움과 부상으로 인한 신체적 고통을 먼저 인정하게끔 한다. 이 과정으로 부상자는 통증에 완전히 지배당하거나 정반대로 통증을 완전히 무시하고 존재하지 않는 것처럼 행동하는 부작용을 피할 수 있다. 사람들이 통증의 존재를 인정하고 받아들일 때 아픔이 행사하는 영향력을 줄일 수 있는 것이다. 더불어 우리에게 유리한 방식으로 몸의 균형을 찾아갈 수 있다.

부상으로 달리기를 멈춰야 한다면 가장 먼저 통제할 수 없는 현실을 받아들이는 법을 익혀라. 진단을 받아들이지 않고 계속 달리려고 하면 부상이 덧날 위험이 있다. 아픔을 겪는 동안 불안감이 고조되는 경향이 있는데, 이런 상태 또한 치료에 별 도움이 되지 않는다. 수용적인 태도를 취하고 더 긍정적인 환경을 만들면 몸이 더 빠르게 회복될 수 있다.

이렇듯 인정과 수용이 있어야 인간은 정서적인 균형을 유지할 수 있다. 통증을 마음 편히 받아들이면 아픔에 대한 불안이 해소된다. 마음챙김은 우리가 통증을 겪을 때 아픈 부위와 그렇지 않은 부위까지 모두 포함해 마음을 전신에 집중하도록 도와준다. 이를 통해 사람들은 고통을 차분히 받아들이고 자연스럽게 호흡하면서 아픈 감각을 견딜 힘을 얻는다. 부상이 낫기까지는 시간이 필요하다. 우리 몸 안에 이토록 긍정적이고 수용적인 여유가 마련된다면 치유 과정에도 속도가 붙을 것이다. 그리고 그 시간 동안 겪어야 할 불안은 당연히 줄어든다.

우리는 생각보다 강하다

우리가 만약 부상을 받아들이고 불안을 줄이는 법을 터득한다면 어떤 일이 벌어질까. 역경 속에서 긍정적인 부분을 발견하게 된다. 마음챙김을 실천하며 순간을 음미하는 삶을 살아가면 현재의 내가 여전히 '괜찮다'는 것을 느낀다. 달리기가 없어도 살아갈 수 있음을, 여전히 즐거울 수 있음을 발견하는 것이다. 계획을 세우고 앞날을 기대할 뿐 아니라 뜻밖의 휴식을 반기는 마음도 생긴다. 완벽하지 않아도 균형 잡힌 삶을 유지하며 행복할 수 있다.

마음챙김 자세로 난관을 극복하는 가운데, 나라는 존재가 두려워하던 것보다 더 강하다는 사실도 깨닫는다. 그러니 부상과 동시에 시작되는 부정적인 생각에 사로잡힐 필요가 없다. 상황을 객관적으로 보면 부상 자체가 자신감의 원천이 되기도 한다. 부상을 견뎌내서가 아니라, 다가올 역경에 맞설 수 있는 회복 탄력성과 자신감을 얻었기 때문이다.

달리기를 쉬는 동안 깨닫는 게 하나 더 있다. 삶 어디에도 완벽한 평화가 없다는 것과 지치지 않는 체력 및 건강, 영원한 행복을 제공하는 나만의 공간이 어디에도 없다는 사실을 알게 된다. 반면 달리기는 마음을 평온하게 해주고, 몸을 강하게 만들며, 정신력과 신체 회복력을 동시에 높여 삶의 여러 측면을 수월하게 만든다. 쉬는 동안 달리기를 향한 애정과 그리움이 강해지기도 하지만, 마음챙김 자세로 회복기를 보내다 보면 달리기 없이도 살아갈 수 있다는 사실 또한 알게 된다. 그리고 그걸 깨닫는 순간 진정한 자유가 찾아온다.

자유롭게 달리기

달리기는 자기 몸과 땅만 있으면 되는 단순한 스포츠다. 인도나 공원 주변, 포장도로나 비포장도로 상관없이 어디든, 아무 때나 밖으로 나가 뛰면 된다. 하지만 오늘날 달리기는 그 이상의 의미가 되었다. 달리기는 하나의 큰 행사로 자선 모금 같은 금전적 목표나 사람들의 참여를 이끄는 모임이 된 것이다. 러너들은 이제 스마트 워치, 최신 기술을 적용한 신발, 라이크라 섬유 같은 신문물로 치장하고 성과를 기록하기 위해 애플리케이션을 이용한다. 그렇기에 나가서 뛰는 게 얼마나 간단한 활동이었는지를 쉽게 잊는다.

물론 그런 추가 용품들이 많은 러너들에게 동기를 부여했다는 데는 의심의 여지가 없다. 이 물건들은 러너들의 활동을 정당화하고 그들 존재를 증명할 기회를 제공한다. 기술로 달리기의 과정을 측정하면 전형적인 사고 실험에서 나올 법한 뻔한 질문에 적절하게 방어할 수 있다. "듣는 사람이 아무도 없을 때 숲에서 나무가 쓰러지면 과연 소리가 날까?" 이 질문을 달리기에 적용하면 "우리가 측정하거나 시간을 재지 않는다면, 정말 뛰었다고 할 수 있을까?"가 된다. 어떤 이는 이런 의문으로 해로운 집착을 만들어내기도 한다. 그래서 많은 이들이 기록을 위한 스마트 워치나 스마트폰 없이는 달리기 힘들다고 느끼고, 심지어 기록하지 않으면 달릴 이유가 없다고 생각하는 것이다.

그런데 이런 물건들 때문에 뭔가를 놓치고 있지는 않은가? 단순했던 무언가가 삶의 또 다른 무게와 척도가 되어버렸다. 달리기 과정을 분석하는 일이 달리기 자체만큼이나 중요해졌다. 그렇다면 묻고 싶다. 목표를 달성했나? 원하는 만큼 빨라지고 있는가? 우리는 이제 일정한 거리를 지날 때마다 혹은 심장 박동이 기준치를 넘어갈 때마다 '삐' 하고 울리는 알람에 쫓기며 뛴다. 이런 방해 요소들은 마음챙김의 자세로 달리는 걸 언제나 어렵게 만든다. 목표에 대한 압박이 가중되면서 달리기가 우리에게 주던 소박한 기쁨을 잃어버린 것인지도 모른다.

기본으로 돌아가기

티셔츠와 반바지만 입고 밖으로 나가면 그만이었던 달리기가 장비나 기대 같은 것들로 부담스러운 존재가 됐다. 이제는 기본으로 되돌아갈 때다. 온갖 기기들은 잊어라. 시계나 전화기, 이어폰 없이, 그리고 계획조차 세우지 말고 나가자.

아니, 그렇게 했다고 잠시 상상해보자. 달리기가 어떻게 느껴지는가? 당신은 어디에 집중하게 되는가? 뚜렷한 목표를 세우지 않고 측정하지 않으면 달리기의 초점이 달라진다. 정확히 얼마나 빨리 달렸는지, 얼마나 멀리 갔는지, 얼마나 오래 달렸는지를 나 자신을 포함해 아무도 알지 못할 때, 모든 게 바뀐다. 달리기는 순간을 음미하는 삶의 일부가 되고 마음챙김이 더 쉽게 이루어진다. 자기 몸과 주변 환경 말고는 딱히 집중해야 할 게 없다. 달리기의 명상적 속성을 이용해 마음껏 자신에게 몰입할 수 있다.

순수하고 단순하게

때때로 러너들은 도전과 목표를 활용해 다른 사람과 함께 달릴 구실을 만든다. "하프 마라톤을 준비하려면 오늘 16킬로미터를 달려야만 해. 후원해준 사람들을 실망하게 할 수는 없지." 이는 누구나 이해할 수 있는 현실적인 목표다. 인간은 매우 과제 지향적이어서, 단순히 기분 좋은 활동이라는 이유로 그 활동을 우선시하지는 않는다.

이제는 건강한 삶에 대한 사람들의 인식이 꽤 높아졌다. 이 건강을 유지하는 운동과 마음챙김의 힘도 확인되었다. 더는 측정과 알림에 얽매이며 달릴 필요가 없다는 뜻이다. 자신의 몸과 길에만 집중하면 된다. 그 어떤 장비의 도움 없이 단순한 달리기의 매력을 느껴

볼 때다. 당신만의 리듬과 페이스, 땅에 닿는 발의 감각과 폐로 들어오는 공기, 보폭의 리듬이 주는 자유로운 그 순간을 만끽하라. 자유롭게 달리며 자신의 몸과 주변 환경에 몰두하라.

세상을 향한 감각의 변화

달리기를 처음 시작할 때 사람들 대다수는 신체에 생기는 변화를 그리 놀라워하지 않는다. 몸매의 변화는 매우 환영받을 일이지만, 엄청나게 놀라운 일이라기보다 많은 이들에게 핵심 동기가 될 뿐이다. 하지만 달리기가 세상과 상호 작용하는 방식을 바꾼다는 점은 거의 예상하지 못하는 것 같다. 러너는 새로운 렌즈로 세상을 보고 느끼고 경험하며, 이전에는 불가능했던 방식으로 세상을 이해하게 된다.

러너의 모든 감각은 마음챙김 자세로 뛸 때 겨울잠에서 막 깨어난 듯 살아난다. 클릭 한 번으로 탐색하는 세상은 한쪽으로 치우치기 쉽지만, 달리는 동안 만나는 세상은 그렇지 않다. 제대로 집중해서 보고 듣고 느끼다 보면 러너는 실재하는 느낌과 더불어 세상과 유기적으로 연결되고 있다는 사실을 깨닫는다. 감각에 완전히 집중해서 달릴 때 이런 경험은 극대화된다.

달리면서 감각 정보를 받아들일 때 주변 환경은 생생히 살아난다. 하지만 인간이 가진 기본적인 감각으로는 자연이 주는 모든 정보를 상세히 파악할 수 없는 게 정상이다. 산책하는 개를 상상해보자. 이 녀석들을 잘 살펴보면 인간보다 더 예민한 감각으로 복합적인 정보를 수집하고 있다. 허공을 향한 코, 젖혀진 귀로 우리가 놓치고 있는 정보를 줍고 있을 것이다. 물론 크리스 왓슨Chris Watson처럼 섬세한 녹음 작업으로 우리가 사는 세상의 매혹적인 소리를 담아내는 사람도 있다. 가령 박쥐가 사냥할 때 내는 소리, 봄나무에서 수액이 흐르는 소리 같은 것들 말이다. 하지만 세상을 선명하게 경험하기 위해 꼭 초인적인 감각이 필요한 건 아니라는 사실이 놀랍고도 매력적이다.

다시 러너를 살펴보자. 이들이 달리는 세계는 감각적 알아차림(Sensory Awareness) 과정을 통해 새로운 차원의 문을 연다. 풍경은 더 이상 그대로 지나치거나 관찰하는 대상이 아니다. 러너는 그 안에서 온전히 몰두하며 유기적으로 존재하는 일부가 된다. 풍경과 자연을 경험하는 방식은 이런 감각을 거쳐 선명해지고, 우리 역시 자연의 일부로 기능하고 있다는 사실을 다시금 되새긴다.

발자국이 쌓이면 길이 된다

이처럼 러너는 새로운 방식으로 풍경을 경험하면서 그들이 자연의 일부이자 역사의 일부라는 사실을 진심으로 이해하게 된다. 자신의 존재가 드러나는 발자국을 땅 위에 남기면서 역사에도 표식을 남기는 것이다. 길은 저절로 생기지 않는다. 한 사람이 지나간 흔적이나 단 한 번의 달리기로 우리가 뛰고 있는 그 길이 만들어진 건 아니다. 오랜 역사, 긴 세월 동안 이어진 발자국이 쌓이고 쌓여 지금의 길이 완성됐다. 역사는 정해진 길 위에서 사람들이 옮긴 걸음을 타고 전진한다. 그러니 달리는 동안에는 무엇이 나를 이 길로 이끌었는지, 나보다 앞서서 여기까지 걷고 달려온 사람들의 동기는 무엇이었는지를 명상하는 게 좋다.

길은 필요에 따라 탄생한다. 가축을 기르거나 죽은 이들을 옮기기 위해서, 무역을 위해서라는 이유로 A에서 B로 이동하는 가장 빠르고 쉬운 경로가 만들어졌다. 이런 필요는 주변 풍경을 변화시키고, 미래 세대를 위한 흔적을 남긴다. 현대인의 욕구는 과거와 조금 다르겠지만, 러너들은 이 길을 따르며 감각을 좇는다. 달리면서 자연에 새겨진 표식을 읽고, 그 또한 역사에 귀속된다. 유구한 세월 동안 우리를 위해 이 길을 써 내려온 인간 활동의 일부가 된다.

감각을 예리하게 만들기

달리기에 빠지면 내가 달리는 장소에도 당연히 애정을 느끼게 된다. 달리는 동안 우리 몸은 먼저 심장 박동수가 증가한다. 엔도르핀이 혈관을 타고 흐르며, 산소가 풍부한 혈액이 근육과 뇌를 가득 채운다. 여기에 발밑의 땅과 머리카락을 스치는 바람까지 느낄 수 있다. 뛰는 동안 세상은 전혀 다른 장소로 바뀐다. 이처럼 러너가 주변 환경과 영향을 주고받으며 맺는 관계는 매우 역동적이다. 움직임을 통해 세계 안에서 생리적이고 심리적인 변화를 겪는다. 즉, 러너의 의식은 신체 활동의 영향을 깊게 받는다.

만약 러너가 마음챙김 의식에 온전히 집중하지 않으면 현재 순간을 제대로 경험하지 못하는 큰 손해를 보게 될 것이다. 우리는 운동을 통해 몸을 단련하고 자신의 새로운 능력을 발견할 수 있다. 그렇게 한계를 넓혀나갈 수 있다. 마찬가지로 감각도 훈련을 거듭하면 더 예리하고 정확해지며, 점점 더 강해진다. 달리기는 우리가 처음 안주하던 곳에서 발을 뗀 순간부터 상상 이상의 변화를 가져온다. 당신의 정체성과 세상을 경험하는 방식을 더욱 충만하게 바꿔준다.

고통 받아들이기

러너와 고통의 관계는 남다르다. 장거리 달리기는 러너가 육체적 한계까지 자신을 밀어붙이는 부분이 핵심인데, 이 과정에는 반드시 고통이 따른다. 러너에게 고통은 애증의 대상이다. 이들은 고통을 두려워하면서도, 그것을 극복하는 과정에서 점점 다시 달릴 이유를 발견한다. 터질 것 같은 폐, 타는 듯한 허벅지, 발의 통증은 우리에게 살아있다는 기분을 가져다준다. 하지만 요즘은 에어컨이 켜진 실내에서 편안히 앉아 생활하는 일상이 보편적이다. 사람들은 이제 진화에 최적화된 방식으로 몸을 움직일 때만 일차원적 쾌감을 느낀다.

가령 우리는 다리를 별로 움직이지 않고 가벼운 호흡만 내뱉으며 차분히 뛸 수도 있다. 하지만 이것만으로는 충분치 않다. 간혹 가볍게 뛰러 나갔다가 자신도 모르게 점점 리듬이 빨라지고 속도가 붙은

적은 없는가? 그로 인해 팔을 크게 흔들게 되고, 몸속 깊이 호흡하면서 발밑의 땅과 나를 둘러싼 세계를 경험하는 순간, 우리는 온전히 살아있음을 느낀다. 이 감각이 마음챙김의 진정한 본질이다.

기본적으로 인간은 몸의 기본 기능을 시험하기 위해 자신을 몰아붙인다. 이는 인간이 가진 본연의 욕망이 점차 발전한 모양새인 것 같기도 하다. 바로 이 과정에 필연적으로 고통이 뒤따른다. 비록 우리가 그 고통에서 완벽하게 벗어날 수는 없다 해도, 어떻게 반응할지는 각자에게 달렸다. 고통을 두려워한다면 고통은 멋대로 자라난다. 반면 그 고통을 받아들이고 친숙해지면 두려움은 사라진다.

반갑다, 고통아

나중에 혹시 장거리 경주를 볼 기회가 생긴다면 선수들이 중간 지점을 막 지났을 때와 결승점에 이르렀을 두 시점에 주목해보라. 중반부를 겨우 넘기고 갈 길이 여전히 먼 시점부터 고통이 치고 올라온다. 고관절이 처지고 다리가 무거워지면서 자세가 흐트러진다. 이는 달리기의 승패를 결정짓는 중요한 문제다.

자, 이제 결승전을 얼마 남겨두지 않은 지점으로 가보자. 같은 선수들인데 아까와 다르게 갑자기 생기가 느껴진다. 육체는 여전히 피로에 찌들어있지만, 회의적인 생각은 사라졌고 스텝에 새삼 활력이 실렸으며, 달리는 자세가 바로잡혔다. 이들은 팔을 힘차게 흔들며 행복하게 결승선을 넘을 준비를 하고 있다. 대체 뭐가 달라진 걸까? 신체 조건은 그대로지만, 그들은 완전히 다른 사람 같다. 선수들은 분명 지쳐있을 텐데도, 누구 하나 멈춰서 다리를 문지르거나 주저앉지 않는다. 이런 모습은 달리기를 대하는 마음, 큰 틀을 바라보는 관점의 차이다.

마음챙김 훈련은 결승 지점에서 빛을 발한다. 마음챙김 기술은 러너의 관점을 통증에서 달리기의 핵심 요소인 호흡과 케이던스로 되돌릴 수 있다. 통증은 완전히 무시할수도 없고, 또 완벽히 사라지는 것도 아니지만, 견딜 수 있을 만큼 적당한 수준으로는 줄어든다. 그 수준이 어느 정도인지를 알아차리면, 최소한 통증이 통제 불가능한 상태가 되어 다른 감각을 압도하는 과정을 막을 수 있다.

기본적으로 고통은 피할 수 없다. 이 사실을 알고 당황하지 않으면 덜 압도된다. 러너들이 흔히 하는 말 중 하나가 고통을 환영하라는 것이다. 바로 이렇게. "반갑다, 고통아. 기다리고 있었어. 같이 달리자."

몸의 한계를 깨닫는 일

앞서 설명한 것처럼 고통에 접근하는 방식을 터득하면 강도 높은 달리기가 주는 고통을 충분히 견딜 수 있다는 자신감이 생긴다. 그렇다. 고통을 직면할 때 성장의 기회도 따라온다. 그러니 고통이 온다는 사실을 알더라도 두려워할 필요는 없다. 당신은 이제 고통의 순간에 괴로워하지 않고, 불가능해 보이던 다른 도전을 계속 마주할 수 있다. 달리기를 통해 얻은 이와 같은 정신력은 달리기 너머에 있는 다른 도전을 맞닥뜨릴 자신감으로 되돌아와 인생을 헤쳐나가는 데 큰 도움을 준다.

자신을 밀어붙이고 인내한다는 건, 우리가 진정한 인간이라는 사실을 보여주는 확실한 증거다. 또한 마음챙김을 실천하면 가능하리라 생각했던 것 이상의 인내심을 가질 수 있다. 그래서 달릴 때 자신과 신체를 주의 깊게 살피면서 가능한 일과 그렇지 않은 일을 더 잘 구별하게 된다. 몸의 한계를 깨닫는 일은 즐거움의 한 부분이다. 고통을 겪으면서도 생각 없이 계속 뛴다면 언젠가 부상을 겪을 수밖에 없고, 즐거움도 사라질 것이다. 마음챙김 알아차림 의식을 유지하며 몸과 신체 감각에 주의를 기울이자. 그래야 사소한 통증이 걱정할 정도로 커지기 전에 눈치챌 수 있다. 가끔은 멈추는 게 가장 현명한 선택이 된다.

러닝 커뮤니티

달리기는 혼자 할 수 있는 최고의 활동이다. 그래서 장거리 선수의 외로움은 진부하게도 자주 언급된다. 사람들은 주로 자기 자신과의 싸움, 날씨나 세상과의 분투 같은 경험담을 늘어놓는다. 나 홀로 달리기는 무엇이든 마음대로 할 수 있다는 대단한 자유로움을 가지고 있다. 마음챙김도 혼자 달릴 때 가장 쉽게 이루어질 것이다. 하지만 유대감으로 연결된 러닝 커뮤니티를 통해서도 상당한 이점을 얻을 수 있다.

경험 공유하기

점심시간에 같이 뛸 수 있는 단짝 러너, 훈련을 같이하는 소그룹이나 자체적으로 행사를 조직하고 개최하는 러닝 클럽… 이처럼 세상에는 다양한 형태와 규모를 갖춘 러닝 커뮤니티가 존재한다. 이제는 수백만 명의 러너가 소셜 네트워크 애플리케이션으로 각자 달리기 과정을 측정해 기록하고 경험을 공유할 수도 있다.

사회적 장벽 허물기

이렇게 다양한 러닝 커뮤니티에는 내가 좋아하는 특정 공통점이 있다. 먼저 달리기는 내가 아는 한 사회적으로 가장 평등한 활동이며, 사회뿐 아니라 영혼적인 측면에도 도움을 준다. 그동안 불안을 비롯한 다양한 정신적, 육체적 질병들은 사회적 불평등과 자주 연관되곤 했다. 그러나 일단 달리기 시작하면 일반적인 사회적 기준으로 이들을 구별하는 일은 효력을 잃는다. 달리기 실력에 따라 다른 그룹이

생길 수는 있겠지만, 보편적인 사회적 경계를 뛰어넘어 교육 수준, 국가, 종교, 소득이 다른 사람들끼리도 거리감이 줄어든다.

결속력을 다지고 공동체를 이루는 달리기의 잠재력은 이미 널리 알려졌다. 그로 인해 세계 곳곳에서는 달리기로 분단된 집단을 통합하려는 노력, 난민과 실향민을 새로운 삶으로 끌어들이려는 시도 등을 계속하고 있다. 이는 사회 평등주의 환경에 맞는 공동체를 형성하고자 함이다. 당장 일상을 뒤로하고 달리기부터 떠올려보라. 그럼 우리는 신체 활동의 즐거움을 기대할 수 있다. 사람들의 초점은 일반적인 우정과 소통을 벗어난다. 일상이 규정한 장벽을 뛰어넘어 반대쪽으로 이동한다. 달리면서 그 순간 안에 존재할 때 사회적 콤플렉스와 정서적 부담에서 벗어날 수 있는 것이다. 불가능해 보였던 우정이 쌓이고 쓸데없는 장벽은 허물어진다. 주간 달리기 모임 이상으로 다양한 러닝 커뮤니티가 빠르게 확산하면서 각종 사회적 행사나 조직적인 경주, 훈련 프로그램도 등장했다. 이와 같은 달리기 세계는 휴가나 여타 다른 기회를 이용해 더 많은 사람들의 참여를 유도하고 있다.

새로운 관점 얻기

달리면서 마음챙김을 연습하다 보면 자신을 더 잘 알게 된다. 그리고 이런 자기 알아차림 과정으로 나를 있는 그대로, 조건 없이 받아들이게 된다. 마음을 다해 달리고 다른 사람들과 소통하면서 새로운 사고방식에도 눈을 뜬다. 이렇게 마음챙김 경험을 점차 늘려갈 때 러너는 자신의 경험을 더 빠르고 광범위하게 넓혀갈 수 있다. 러너는 또 집단에 속해 달리는 경험을 쌓으며 자기 자신만의 알아차림 의식을 단련할 수 있는데, 이 과정으로 타인을 더 잘 이해하고 그들을 조건 없이 수용하는 방법을 터득한다. 사람들을 있는 그대로 받아들일 수 있게 되면, 타인에 대한 인내심이 커져서 사회적 스트레스와 불안이 줄어든다.

그런가 하면 달리는 동안 자신의 솔직한 민낯을 마주하기도 한다. 나를 압도하고 위태롭게 하는 힘든 감정이 불쑥 올라올 수도 있다. 다행히 우리는 러닝 커뮤니티에서 만난, 같은 감정을 마주한 다양한 사람들에게 둘러싸여 있다. 동료 러너와 공감하면서 자신의 경험을 일반화하다 보면 자연스레 서로를 이해하고 지지하게 된다. 실패를 수용하고 심지어 웃어넘김으로 거리를 둔 채 감정을 바라본 뒤 수월히 넘길 수 있다.

이렇게 다른 사람과 달리기 경험을 나누다 보면 내가 혼자가 아니라는 사실을 깨닫는 날이 온다. 사람들은 누구나 육체적, 정서적 차원에서 쾌락과 고통, 득의와 실망, 의욕과 실의 같은 다양한 순간을 경험하는데, 러닝 커뮤니티는 같은 처지에서 같은 어려움을 느끼는 타인과 함께할 좋은 기회다. 이 자리가 러너의 경험을 더 견고히 잡아주고 그들 모두가 정상이라는 사실을 다시금 알려줄 것이다.

러너도
나이가 든다

인간의 몸은 시계처럼 천천히, 그러나 확실하게 시간의 흐름을 증명한다. 때로는 이렇게 필연적으로 찾아오는 신체 노화를 무조건 받아들이기가 쉽지 않다.

변화를 받아들이기

시간을 막을 도리는 없다. 이런 사실이 썩 내키지는 않지만, 시간은 날씨와 마찬가지로 인간의 통제를 벗어난 영역이니 화가 나도 어쩔 수 없다. 이것 자체가 인생인데 제대로 받아들이지 못하면 어떻게 될까. 낙담하고 상실에 젖을 위험이 있다. 그래도 전부를 잃는 것은 아니다. 작은 신체적 결함이 나타나고 삐걱거리기 시작했다는 게 달리기를 그만둘 때가 됐다는 신호는 아니다. 큰 도시에서 열리는 마라톤에 출전하는 최고령 선수 중 팔십 대와 구십 대가 있는 걸 보면, 스스로 그만두지 않는 한 계속 달릴 가능성은 충분히 있다.

마음챙김 자세로 달린다면 우리는 노화에 더 잘 대비할 수 있다. 물론 노화 초반부에 나타나는 변화가 당혹스러울 수는 있다. 하지만 잘 생각해보면 긍정적인 면이 더 많다. 오랜 세월 마음챙김 알아차림 의식을 유지해온 러너라면 외부 자극에 대한 신체 반응을 깊이 이해하고 있다. 그래서 달릴 때 오르막길과 내리막길이 있다는 것, 다양한 날씨와 복잡한 지형이 있다는 사실을 충분히 인지할 뿐 아니라, 이 모든 환경 때문에 필연적으로 따라오는 정신적, 육체적 손실에 어떻게 대처해야 하는지를 빨리 깨닫는다. 다양한 조건에서 신체가 어떻게 반응하는지를 재빨리 알아차리니, 회복을 위해 훈련 과정을 조절하고 몸에 미치는 부정적 영향을 최소화할 수 있는 것이다. 러너들은 나이가 들수록, 수행 능력 수준을 유지하려면 '더 열심히'가 아니라 '더 똑똑하게' 훈련해야 함을 배운다.

초점을 새롭게 맞추기

많은 러너에게 시간 단축은 중요한 동기 부여다. 끊임없이 흘러가는 시간의 속성은 이들의 시간 단축 욕구와 필연적으로 맞아떨어진다. 그런데 어느 나이대가 되면 아무리 애를 써도 젊었을 때보다 일찍 도착할 가능성이 거의 없다. 이런 현실이 반가울 리는 없겠지만, 윌리엄 브루스 캐머런William Bruce Cameron의 현명한 말을 잊지 말자. '중요하다고 전부 다 측정할 수 있는 것은 아니다.' 즉, 시간이 전부가 아니라는 얘기다.

시간이 다가 아니라는 사실을 받아들이고 나면 달리기가 줄 수 있는 모든 기회가 눈앞으로 펼쳐진다. 속도를 늦춰야 하는 순간이 달갑지는 않겠지만, 조금 달리 보면 긍정적인 면이 있다는 걸 쉽게 깨달을 수 있다. 노화를 겪는 러너들이 경험하는 기쁨 중 하나는 성적에 대한 압박이 어느 정도 줄어든다는 점이다. 이렇게 달리기의 초점이 바뀌면 러너는 새로운 목표를 발견할 수 있다. 러너들 사이에서 자주 외면받던 뛰는 자체의 즐거움과 그밖의 이점이 헤아릴 수 없이 많다. 경기에 나가거나 규칙적인 훈련에 참여하는 것 말고도 달릴 때 느껴지는 신체 감각이나 상태, 함께 공유하는 목표가 주는 고무적인 분위기, 행사의 즐거움에 집중하게 된다. 눈에 보이지 않는 목표를 정하고 성취하며 자부심을 느낄 때, 그 모든 과정을 스스로 즐길 수 있을 때, 달리기는 진정 더 깊은 의미를 가진다.

언젠가 우리는 아예 달릴 수 없는 순간을 맞이하게 될지도 모른다. 지금 마음챙김 자세로 뛰지 않으면 나이 듦을 즐기는 자신의 능력을 영영 발견하지 못할 수도 있다. 반대로 우리가 달리는 동안 순간을 낭비하지 않고 음미하며 보낸다면, 분명 미래를 위한 좋은 추억을 쌓을 수 있을 것이다. 마음챙김을 실천하는 그 순간순간은 영원히 각인되어 언제고 떠올릴 수 있다.

달리기가 주는 신체적, 정신적 이점은 너무도 훌륭하다. 그러니 세월과 아픈 팔다리를 탓하며 포기하지 않기를 바란다. 달리기는 우리 몸과 더 넓은 세계가 서로 연결돼있다는 감각을 공고히 다지는 과정이다. 그로 인해 러너는 상황 대처 능력과 자유, 동지애 같은 이점을 얻을 수 있으며, 결국에는 행복하게 나이 드는 긍정적인 인생관을 얻게 된다.

마음챙김 달리기가 인생에 주는 이점은 이토록 대단하지만, 진정한 보상은 더 나이가 들었을 때 되돌아온다. 미래의 자신을 너그러운 마음으로 대하며, 현재는 마음챙김 자세로 달리는 데 집중하라. 그러면 훗날 과거의 나에게 고마운 마음이 들 것이다. 마음챙김 러너로 장수한다는 건 나이가 들어서도 젊은 시절 못지않은 만족과 즐거움으로 계속 달린다는 의미다. 신체가 과거와 달라졌다 해서 재능과 활력을 포기할 필요는 없다. 우리는 여전히 러너로서 길 위에 서고, 어쩌면 예전보다 더 많이 모든 과정을 즐길 것이다.

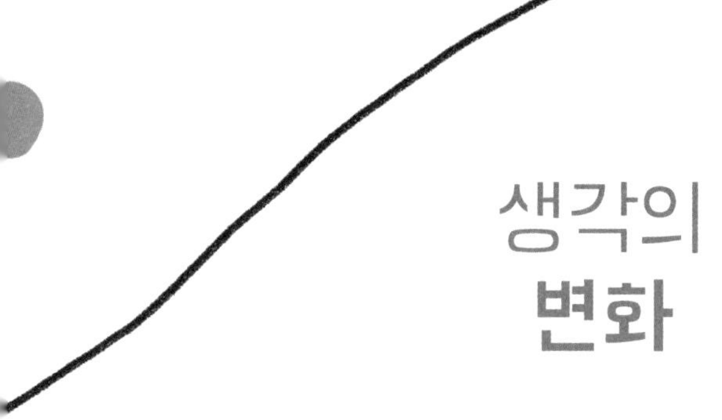

생각의 변화

러너라면 누구나 잘 달리고 난 뒤 느껴지는 행복감을 알고 있다. 마음챙김 달리기는 평온과 만족, 감사하는 마음을 길러주는데, 이는 기분을 고조시키고 자신감을 높이는 데 큰 역할을 한다.

부정성에 대한 집착

그러나 사람들의 이런 잠재의식은 때때로 긍정적인 기분을 잠식하려고 기회만 엿본다. 인간은 기본적으로 습관의 동물이어서 부정적인 상태에 계속 머무르려고만 한다. 그래서 오래되고 낡은 사고방식을 따르고, 의식 깊숙한 곳에서는 마음을 지배하는 무의식 세계를 만들어간다. 간혹 스스로에게 자기실현적 예언(Self-fulfilling Prophecy)을 내뱉기도 한다. 이런 무의식의 세계를 자신에게 반복적으로 들려주면 그 영향이 우리 의식 깊은 곳에 뿌리를 내리는데, 사람들은 이 부분을 자기 정체성의 일부인 듯 착각한다. 그리고 부지불식간에 '나는 그런 경기에 나갈 만큼 실력이 충분하지 않아' 또는 '시간이 좀 더 있었다면 진정한 러너가 될 수 있었을 텐데'와 같은 생각에 사로잡히고 스스로 한계를 정해버린다.

이런 사고방식이 삶 전체에 스미면 발전을 저해할 수밖에 없다. 사람은 뭔가를 해낼 수 있다는 믿음보다 원치 않는 부정적인 생각에 오히려 쉽게 마음을 빼앗기기 때문이다. 그러니 되도록이면 성취할 수 있다고 믿어야 한다. 이것이 바로 인생의 난제 중 하나다.

이야기 다시 쓰기

마음챙김은 사람들의 부정적인 생각을 미리 알아차리고, 이것들을 더 긍정적이고 심층적인 사고로 전환할 멋진 기회를 제공한다. 러너가 마음챙김 자세로 달릴 때 생각을 알아차리는 힘, 다시 말해 '생각은 그저 생각일 뿐'이라는 분별력이 발달하는 것이다.

다행스럽게도 생각으로 어떤 사람 자체를 완벽히 정의할 수는 없다. 생각은 있다가도 사라지는 것이기 때문이다. 이 사실을 알고 나면 생각이 삶에 미치는 영향력, 생각에 대한 의존도를 줄여나갈 수 있다. 이후 우리는 자신의 이야기를 다시 쓸 수 있다. 스스로에 대한 믿음이 쌓이면서 내가 자신감 있고 강한 러너가 될 수 있다는 전개에 힘이 실린다. 결과적으로 능력이 확대되면서 굳게 닫혀있던 문이 하나 열리려 한다. 새로운 모험과 경험으로 당신을 안내할 바로 그 문이다.

달리기는 러너가 더 긍정적인 자세로 삶의 이야기를 다시 써 내려가도록 돕는다. 또한 복잡하게 엉킨 생각의 타래를 풀어 새로운 아이디어를 더 잘 수용하게끔 한다. 우리는 달리기를 일상에서 경험하는 정신적 오류를 바로잡는 수단으로 사용할 수 있는 것이다. 달리기는 결국 사람들에게 하루를 다시 시작할 기회를 제공한다.

변화를 환영하기

우리가 변화를 잘 받아들이지 않는 이유는 습관을 형성하는 타고난 성향 때문이다. 인간은 복잡다단한 삶을 단순하게 만들어야 직성이 풀린다. 단순화의 욕구는 우리를 매일 똑같이 사고하고 행동하게 만드는데, 내게 질문이 왔을 때 정해진 답을 내놓는 식이다. 사람들은 대부분 접근 방식을 다시 따져야 하는 상황을 그리 좋아하지 않는다. 다듬어진 사고와 행동 방식을 유지하면서, 정신적 장벽을 높게 쌓아 새로운 아이디어가 오는 것을 막는다. 그래서 새로운 접근 방식은 대부분 재빨리 사라지고 거부당한다. 그 자리를 대신 차지하는 건 이전 그대로의 사고방식이다. 물론 이런 태도는 생존 본능에서 비롯된 것이지만, 가끔은 새로운 아이디어를 고민하고 변화를 받아들이는 과정이 필요하다.

새로운 사고와 접근 방식을 수용하려면 정신 상태가 편안하고 느슨한 편이 좋다. 달리기는 사람들 내면에 여유 공간을 만들어 머릿속 생각이 정해진 방향이나 초점 없이 자유롭게 흘러가도록 해준다. 살갗을 스치는 산들바람을 느끼며 달리다 보면 일상의 답답함에서 벗어나 정신과 몸이 함께 날아가는 기분을 느낀다. 늘 붙들고 있던 내적 긴장감이 느슨해지면 자유 연상이 일어난다. 이럴 때 러너는 자기 검열에서 잠깐 벗어날 수 있는데, 크게 상관관계가 없거나 공통점이 부족한 다양한 생각들이 무작위로 자기 머릿속을 스치도록 내버려 둘 수 있다. 바로 이 순간이 생각의 경로를 다시 짜 새로운 틀을 세우고, 닳고 닳은 사고방식을 깨트릴 가장 좋은 기회다. 내면에 약간의 여백을 두고 융통성을 발휘하면 새로운 사고방식, 중요한 통찰력 등이 우리를 찾아올 것이다.

달리기를 거치면 우리는 지금껏 성급히 거부하던 새로운 개념을 수용하고, 다루기 힘들었던 문제를 해결할 수 있다. 이 방법은 자신뿐 아니라 다른 사람과의 관계에도 그대로 적용된다. 직장 상사나 사랑하는 사람에게 변화를 제안하고 싶은가? 만약 그런 사람이 있다면 나는 달리기 직전이 최고의 타이밍이라 말해주고 싶다. 결과는 달리고 돌아온 그들에게 직접 들어라.

자선 단체, 자선 달리기

만약 당신이 스스로에 대한 도전을 결심하고 자선 달리기 같은 큰 대회에 참가하기로 했다고 하자. 훈련 계획에 따라 마음챙김 자세로 먼 길을 달렸고, 스트레칭도 휴식도 잘 챙겼다. 결전의 날이 다가올수록 흥분되겠지만, 그만큼 긴장감도 느낀다. 그리고 주변 사람들은 당신에게 왜 그런 선택을 했는지 묻기 시작할 것이다.

큰 대회를 준비하는 데는 시간과 공이 많이 들어간다. 그로 인해 일상에 지장이 생기기 때문에, 가족과 친구 관계에도 영향을 미친다. 특히 메이저 대회를 준비하는 동안에는 적절한 몸 상태를 만들어야 해서 막대한 시간을 들여 다양한 경로로 달리게 된다. 러너는 삶을 행복하게 만들어주는 달리기의 다양한 이점을 알고 있는데, 이 정도로 달리기에 중독된 사람은 큰 대회에 참가하고 싶은 마음을 거부할 수 없었을 것이다. 이 과정으로 장거리를 완주할 정신적, 육체적 힘을 발견했다면 인생이 바뀔지도 모른다. 큰 대회가 주는 기회는 여기서 끝이 아니다.

함께한다는 것

마음챙김은 개인의 정신 상태에서 출발하지만, 마음챙김을 실천하다 보면 자신과 타인에 대한 알아차림 의식이 동시에 발달한다는 사실을 느낄 수 있을 것이다. 이 알아차림과 함께 유대감을 원하는 욕구가 생긴다. 마음챙김 의식으로 경주를 준비할 때 달리면서 대망의 날에 참가하고 있는 자신을 상상해보라. 도전에 참여한 다른 주자들과 어깨를 나란히 하고 보조를 맞추다 보면, 거기 모인 모든 이들이 지구상에 공존하고 있으며 같은 공간을 공유하는 영혼이라는 사실에 깊은 유대감을 느낄 것이다. 바로 이 힘 때문에 러너는 자선 달리기 대회를 선택한다. 이 자리에서 자신이 더 넓은 세상과 함께하고 있다는 느낌, 그 연결성을 보여줄 수 있으니 말이다.

긍정적인 첫걸음

자선 달리기 대회는 결국 자기 자신을 표현하는 수단이다. 그래서 개인에게 더 의미 있고, 평소 관심을 기울이던 단체를 택할 확률이 높다. 심지어 이렇게 택한 특정 단체를 후원하고 싶다는 의사를 밝힐 수도 있다. 어떤 특정 자선 단체를 선택한다는 건 그 기관의 노고에 고마움을 전하는 일이기 때문이다. 살다 보면 누구든 정신적인 문제나 질병, 부상, 사별 등으로 홀로 비극과 어려움을 감내해야 할 때가 있는데, 이렇게 단체를 정하고 그들의 연구와 치료 과정에 자금을 전달하는 게 하나의 지원 방식이 되는 것이다. 내가 겪은 부정적인 경험과 연관되는 기관을 위해 돈을 모금하는 행위, 이 과정이 자기 치유를 위해 내디디는 긍정적인 첫걸음이 아닐까? 인생의 어려움을 피하지 않고 맞서 싸우는 일은 매우 긍정적인 경험이 될 수 있다.

자선 달리기는 특정 단체를 지지하는 명분이 무엇인지를 차치하더라도, 한 번도 만난 적 없는 사람과 관계를 맺기 위한 훌륭한 수단이다. 타인을 위해 달려야겠다 마음먹은 순간, 당신은 이미 다른 사람 입장이 되어 그들이 겪는 어려움에 깊이 공감하게 될 테니 말이다. 달리면서 타인뿐 아니라 더 넓은 세상과 끈끈한 유대감도 맺을 수 있다.

개인적이고도 실용적인 차원으로도 자선 달리기는 추천할 만하다. 이는 다른 사람을 돕는 모금 활동이 러너에게 또 다른 동기 부여가 되기 때문이다. 러너의 회복 탄력성이 점점 극대화하는 동안 그가 내딛는 모든 발걸음은 다른 누군가의 미래를 더 나아지게 한다. 이렇게 누군가에게 보탬이 되고 있다는 생각은 러너를 움직이게 하는 힘의 원천이다. 달리기를 택해 모금 활동을 시작하면 러너는 또 다른 공동체의 일원이 된다. 특정 로고가 박힌 셔츠를 입은 러너는 단체를 지지하는 많은 이들의 응원을 얻으며 달린다. 이 과정은 러너의 의식을 긍정적으로 이끈다. 원래 달리는 동안에는 꽤 오랜 시간을 가족이나 친구와 떨어져 있어야 하지만, 기부를 위한 달리기는 다르다. 사랑하는 이들을 참여하도록 이끌면 당신 옆에서 함께 달릴 수 있다. 이를 계기로 가족이나 친구들은 우리가 택한 자선 단체에 특별한 유대감을 갖게 되고, 이렇게 의미 있는 행사에 자신을 초대해준 데에 고마움을 느낄지도 모른다.

이제 다시 큰 대회에서 달리는 자신의 모습을 떠올리자. 숨을 마시고 내쉬고, 한 발 한 발 내디디고 팔을 젓는다. 관중의 환호를 받으며 달리는 그 시간에 온전히 몰입한다. 함께 뛰는 러너들은 각기 다른 소박한 도전 과제를 안고 있지만, 동시에 같은 목표를 하나 공유한 상태다. 당신은 그 목표를 이루며 자부심과 평온한 행복을 얻는다. 더 큰 뜻으로 참여하며 형성된 공감대는 인류애의 실천과 실현으로 완성된다.

달리기 **의식**

인간은 신이 만든 습관의 피조물이다. 어떤 일이든 반복할수록 더 잘하게 만들어졌다. 하지만 삶은 불확실한 것이어서 사람들은 자기만의 패턴과 리듬을 만들어, 그 불확실성을 관리하고자 했다. 그 과정에서 위안과 도움이 되는 의식은 기꺼이 받아들였다. 이런 의식은 역사적으로 문화나 종교적 관습을 이루는 근간이 되었고, 생일이나 장례, 결혼 같은 의례는 시간과 생의 이정표로 기능했다. 그래서 사람들은 지금도 아무런 의심 없이 1년 주기에 맞춰 움직이고 일한다. 여기서 말하는 주기란 문화나 종교적 관습으로 뒤덮인 계절 의식과도 같다. 이런 집단적 사고는 공동체를 하나로 모으고 서로를 이해하며 유대감을 형성하기에 좋은 밑바탕이 된다.

더 짧은 시간 단위로 생각해보자. 사람들이 특정 패턴과 리듬을 삶에서 재현하는 이유는 하루를 관리하기 위해서다. 건강하고 행복한 삶을 만들어가기 위해서는 일상에서 행하는 의식들이 매우 중요하다. 사람들이 자신도 모르는 사이에 빠져들어 의식이 되었을 수도 있고, 마음챙김 과정으로 배우고 습득했을 수도 있다. 거기에 시간이 더해지면 의식은 삶의 한 면이 되고, 정체성이나 개성을 이루는 일부가 된다.

러너들은 아주 별난 습관을 지닌 경우가 있는데, 많은 이들이 준비운동, 달릴 때 듣는 음악, 신는 양말, 달리기 전 먹는 음료나 간식 등의 조건에 까다롭다. 크든 작든, 현실적이든 그렇지 않든, 각자가 조심스럽게 지켜온 자기만의 의식이 있는 것이다.

달리기 위한 마음

달리기는 육체적이면서도 정신적인 하나의 도전이다. 그래서 정신적인 준비도 몸 준비 못지않게 중요하다. 많은 러너가 자신의 자세와 페이스, 거리에 집중하는 편이지만, 달리기에 필요한 신체를 준비하는 것만큼, 마음의 준비도 중요하다. 이 부분이 달리는 러너의 정신력에 큰 힘을 보탠다.

러너가 가진 다양한 습관은 마음챙김 알아차림 의식과 다양한 사고를 거치며 생겨났을 텐데, 시간이 흐르면서 진정한 의미가 퇴색하기도 한다. 그저 아무 생각 없이 기계적으로 반복하는 루틴으로 전락하고, 심한 경우 근거 없는 맹신을 만들어낸다. 그런데도 이 습관이 여전히 중요한 이유는 달리기 과정에 일종의 규칙성을 제공하기 때문이다. 러너는 이런 습관 덕에 차분하고 순조롭게 달릴 준비를 한다. 다만 본질보다 형식을 우선하는 순간, 루틴은 불안전해진다. 러너가 자신만의 루틴을 유지하고 완성하는 데 급급해질 수 있고, 루틴이 깨지기라도 하면 정신적인 준비 과정을 크게 방해한다.

마음챙김에 초점을 맞추고 집중하는 과정은 달리기 준비에 긍정적인 영향을 미친다. 모든 게 불확실하고 스트레스가 많을 때, 마음챙김 의식이 흐트러진 마음을 다잡는 데 도움을 준다. 익숙한 느낌을 회복시키고 목적의식을 다시 깨닫게 한다.

마음챙김에서 비롯되는 알아차림 의식은 신발 끈을 묶기 전부터 준비를 시작한다. 누구나 달리기가 힘들다는 사실을 인지하고 있지만, 마음의 준비가 없다면 현실은 더 고통스러울지도 모른다. 러너는 당황하거나 직면한 상황을 견디지 못할 수도 있다. 달리기를 시작하기 전에 마음챙김 의식을 일깨우는 운동을 루틴으로 만들자. 대개 호흡을 연습하고 몸을 세심하게 살피는 행위들인데, 이 과정이 의식을 깨우는 데 유용하게 작용한다. 러너는 자신의 몸 상태를 현실적으로 파악할 수 있고 현재 상태에 온전히 몰입하게 된다. 이렇게 신체적, 정신적 상태를 제대로 알아차리면 준비된 상태로 도전에 임할 수 있다. 특히 불안이 엄습해 근간이 흔들리는 대회 당일 같은 날에 매우 효과적이다.

흥분과 안정 사이의 균형

정리하면 마음챙김을 일깨우는 루틴은 러너에게 '최선을 다해 현재 상황을 준비할 수 있겠다'는 확신을 심어준다. 여기서 말하는 '최선을 다하는 노력'이 성립되려면 러너는 안정감과 자신을 집어삼키려

위협하는 불안 사이에서 균형을 잡아갈 필요가 있다. 약간 상기되었지만, 평정심을 유지할 수 있을 때가 가장 좋은 순간이다. 최적의 성과를 기대할 수 있는 이 완벽한 상태를 우리에게 보장하는 게 바로 러너의 달리기 의식이다.

장기 훈련을 준비하는 과정은 대개 장거리 경주와 비슷하다. 이 훈련으로 러너는 자신이 좋아하는 것, 본인에게 효과적인 것들을 배운다. 그로 인해 최상의 컨디션으로 도전할 수 있다는 자신감을 얻는다. 몸이 지치기 시작할 때 러너는 현재 자신이 신고 있는 편안한 양말, 두 시간 전에 챙겨 먹은 오트밀 등을 떠올릴 수 있다. 그 순간 목표를 달성할 몸과 마음의 준비가 끝났다는 사실을 깨닫는다.

다음 달리기를 준비할 때는 마음챙김 방식으로 자기만의 의식을 만들어보라. 도전에 앞서 자신을 다잡고 육체적, 정신적 준비를 어떻게 해나갈지 알아야 한다. 흥분과 안정 사이로 들어가 균형을 잡았을 때, 준비가 다 되었다는 자신감에 주목하라. 이처럼 달리기 전에 마음챙김 의식을 실천하면 원하는 바를 이룰 수 있는 능력이 고조된다. 그러니 마음챙김 의식을 완수하고 스스로가 목표를 이룰 최상의 상태에 있음을 확신하라.

짧지만 달콤한

사람들이 현재의 삶을 대하는 방식은 대체로 '더 많이', '더 빨리'에 초점이 맞춰진 것 같다. 달리기를 대하는 방식도 비슷하다.

1980년대 영국에서 800미터, 1,500미터 달리기 주자로 활약한 샤이린 베일리Shireen Bailey는 아직까지 가장 멀리 달린 거리가 얼마나 되느냐는 질문을 자주 받는다. 그녀는 과거 자신이 얼마나 믿기 힘든 속도로 달렸는지를 크게 신경 쓰지 않는다. 대회 이후 40년 가까이 시간이 흘렀지만, 그런 사실과 무관하게 여전히 달리기를 즐기고 있으며, 다른 주자들에게도 달리기 사랑을 전파하곤 한다. 하지만 사람들은 그녀가 달성한 거리가 대부분 두 자릿수 이하였다는 사실에 자주 실망한다.

더 많다고 해서 항상 더 좋으리란 법은 없다. 그러니 5킬로미터보다 10킬로미터가 낫고, 하프 마라톤보다 마라톤이 뛰어나며, 울트라 마라톤이 최고라는 거리 경쟁에 함몰될 필요는 없다.

순간을 즐겨라

어떤 날은 오래 달릴 만큼 시간이 충분하지 않다. 하지만 20분 정도 걸리는 짧은 거리도 긴 거리 못지않게 가치가 있다. 마음챙김이란 본래 자신의 현재 상태를 있는 그대로 충분히 받아들이는 것이다. 한계를 인정하고 타협하면서, 정해진 조건 내에서 최선을 다하는 게 핵심이다. 어떤 사람은 일하는 날에는 여유가 없어 짧게 뛸 수밖에 없다. 공기 오염이 심각한 지역에 살고 있다면 20분 정도만 뛰어도 위험하다. 그저 주어진 상황을 그대로 받아들여야 하는, 그런 날도 있는 것이다. 나 또한 짧은 달리기에서 예상치 못했던 기쁨과 명료함, 감동의 순간을 경험한 적이 많다. 그러니 자유 시간이 20분밖에 없어도 그 순간을 놓치지 말고 밖으로 나가라고 말하고 싶다.

잠깐이라도 달리는 게 전혀 달리지 않는 것보다 낫다. 마음챙김의 태도로 달리면 짧은 달리기도 두 시간 대장정 못지않은 보람을 느낄 수 있다. 마음챙김 수행 중 대부분이 단 10분을 두고 시작하라고 권한다. 하지만 스트레스 해소, 마음 진정, 행복 발견을 목적으로 하는 모바일 명상(언제 어디서든 부담 없이 명상을 시도할 수 있어야 한다는 접근으로 만들어졌으며, 최근에는 관련 애플리케이션도 개발됐다-옮긴이)은 시간을 따로 정하지 않는다. 마찬가지로 머리를 식힌다고 몇 시간을 달릴 필요는 없다. 불안을 가라앉히고 잠깐의 자유를 즐길 정도면 충분하다.

훈련의 진짜 의미

짧은 시간 달리기의 또 다른 장점은 자신의 스케줄에 딱 맞게 계획할 수 있다는 것이다. 달리기 위해 한 시간을 억지로 쥐어짤 필요가 없으니 더 현실적이다. 오래달리기는 부담스러울 수 있다. 일단 달린 뒤에는 분명 기분이 좋아진다는 사실을 알고 있지만, 집을 나서기 힘든 날이 있기 마련이다. 그에 비해 짧은 시간 달리기는 부담 없이 시작하기에 좋다. 어떤 날은 자연스럽게 긴 여정으로 계획이 바뀌기도 한다.

짧은 시간 달리기는 또 바쁜 일상에 더 쉽게 스밀 뿐 아니라 육체적, 정신적으로도 다양한 이점을 준다. 러너가 이런 장점을 잘 이해하고 있으면 마음챙김을 실천하면서 얻게 된 의식을 그들의 일상 속에 더 쉽게 적용할 수 있다. 그리고 그 의식의 가치는 대체로 긍정적으로 평가된다. 러너가 흔히 맞닥뜨리는 위험 요소는 실력 향상을 위해 과도하게 달릴 때 주로 발생한다는 사실을 기억하길 바란다. 특히 매일 오래 달리다 보면 몸의 어떤 부분을 무리하게 사용하게 되므로 부상 위험이 커진다. 쉬는 날과 짧게 달리는 날까지 충분히 고려해 훈련 계획을 짜는 게 중요하다. 오래 달릴 시간이 부족하다면 그 자체를 긍정적으로 받아들이고 여유를 갖도록 하자. 아니면 그 시기를 휴식의 기회로 삼아라.

만약 속도를 높이고 싶다면 인터벌 훈련을 병행하자. 인터벌 훈련은 달리기 실행 길이를 다양하게 짜는 것인데, 이는 러너들이 훈련을 최적화하기 위해 자주 사용하는 방식이다. 장거리 달리기를 최종 목표로 한다고 해도, 짧은 거리 빠르게 뛰기, 언덕 오르기, 인터벌 훈련 등을 적절히 섞는 게 중요하다. 다양한 형식의 달리기가 당신을 더 빠르게 만들어주고, 장거리 마라톤에서 페이스를 빠르게 회복할 수 있도록 돕는다. 그러니 훈련 일자 중 중간중간에 짧게 달리는 날을 정하고, 동료들과 함께 열심히 인터벌 훈련을 시작하자. 밖에서 오래 달리지 못하더라도 이보다 빠르게 체력을 기르는 방법은 없을 것이다.

조금밖에 달리지 못한 날에도 속상해하지 않길 당부한다. 마음챙김 시간을 가진 뒤 다시 상황을 살피자. 그리고 할 수 있는 최선을 다했다는 사실에 감사하며 달리자.

좋은 선택

인생은 가장 멋진 형태의 달리기 같다. 단순히 쭉 뻗어있거나 미리 정해져 있는 것도 아니고, 발길이 닿는 곳마다 변화와 반전이 있으며, 매 순간 결정을 내려야만 한다. '자갈길과 진흙 길 중 어디로 가야 할까?' '웅덩이를 더 지나가야 할까?' '여기서 건널까, 더 가서 건널까?' '언덕을 오를까, 시내를 따라갈까?' 이들 중 어떤 결정은 중대하고, 또 어떤 결정은 사소하다.

우리가 선택하는 길

사람들은 크게 의식하지 않고서도 많은 결정을 내릴 수 있다. '오렌지 주스를 마실까, 사과 주스를 마실까?'나 '걷거나 자전거를 탈까, 아니면 운전을 할까?'처럼 어떤 결정은 그날 자신의 감정 즉, 마음이 가는 대로 정해진다. 주어진 정보와 논리적 사고를 통해 이루어지는, 그래서 상대적으로 덜 서정적으로 느껴지는 결정도 있다. 하지만 대부분의 결정은 이 두 가지 특징이 섞여 있다.

가끔 생각이 탁 막힐 때가 있다. 그럴 때는 쉽게 결정을 내리는 게 불가능할 것처럼 느껴진다. 계속 고민해도 답은 절대 나오지 않는다. 인생을 바꿀 만한 중요한 결정이어서일 때도 있지만, 사소한 결정인데도 선택지가 너무 많아서 어려운 경우도 있다. 이럴 때는 머리가 터지게 고민만 하다 금세 지쳐버린다.

선택의 자유는 어쩌면 인간의 가장 기본적인 권리일 것이다. 살아가면서 자신을 위해 좋은 결정을 내리고 싶다면, 가장 먼저 '나'에 대해 알아야 한다. 현재 나는 어떤 사람인지, 어떻게 되고 싶은지, 다른 사람들에게 어떻게 비치고 싶은지를 이해해야 한다. 자기 자신을 제대로 알지 못하면 의사 결정은 정말 어려운 숙제가 된다. 사람들은 누구나 끊임없이 자신을 재정의하는데, 이에 드는 정서적 에너지가 엄청나다. 결정할 책임이라 하면 한 손에 권한을 쥐여준 듯 보이지만, 다르게 보면 두려움이 느껴진다.

결정에 만족하기

마음챙김 달리기가 의사 결정에 도움을 줄 수도 있다. 마음챙김 상태로 달리는 동안 사람들은 자신에 대해 많은 부분을 배우기 때문이다. 사람들은 이미 자신에 대해 잘 알고 있다고 생각하지만 실제로는 그렇지 않다. 우리는 미디어와 주변 사람들에게서 쏟아지는 무수한 정보에 자주 노출된다. 타인이 가진 가치관과 의견을 경험할 수밖에 없는 것이다. 그 정보들은 의도되었든 아니든(대부분 의도된 것이지만), 우리가 일상에서 어떤 의사 결정을 해야 할 때 영향력을 행사한다. 외부 가치가 내부 가치와 충돌할 때 혼란은 가중된다.

다행히 러너에게는 달리기가 있다. 진정한 자신에게로 향하는 길에 외부 가치가 보이면 달리기가 나서서 이것들을 없애준다. 달리기는 러너에게 평온함을 가져다주기도 한다. 자기 자신에게 시간적, 공간적 여유를 허락할 수 있는 딱 그 정도의 평온이 생겨난다. 러너는 달리면서 스치는 많은 생각을 곱씹게 되고, 이 사고 과정에 점점 익숙해질 것이다. 우리는 또 다양한 감정을 읽을 수 있게 된다. 사고와 감정의 차이를 구별해 어떤 생각이 삶의 바탕을 이루고, 어떤 생각이 그냥 흘러갈 것인지를 인지하게 된다. 자신의 가치와 우선순위에 관해서도 많은 깨달음을 얻는다. 자신에게 솔직해지면 자기에게 진짜 중요한 가치나 목표가 무엇인지도 더 쉽게 이해할 수 있다. 이는 진정한 자기 이해가 있어야 좀 더 수월하게 올바른 결정을 내릴 수 있다는 의미다.

하지만 간혹 불확실성과 혼란 같은 감정이 마구 뒤섞인 중대한 결정에서는 앞에서 설명한 것들이 무용하다. 그럴 때는 마음챙김 달리기로 인내심을 찾고, 자기 자신을 자상하게 대하는 게 더 나을 수 있다. 옳고 그름으로 답을 낼 수 없는 경우는 종종 찾아오고, 설령 답이 정해진 문제라 해도 누구나 가끔 오답을 적는다. 자기 내면의 결점을 인지하고 오류 없이 사는 인생이 불가능하다는 사실을 받아들여야 한다. 그래야 자신을 객관적인 태도로 대하는 '자아 수용감'을 얻을 수 있다.

의사 결정의 전 과정을 마음챙김 태도로 임하면 위험 부담이 줄어든다. 자신이 가진 불확실성을 더 잘 인내하게 되고, 모르는 것투성이인 상황에서도 만족스러운 결정을 내릴 수 있다. 의사 결정 과정이 만족스러우면 사람들은 그 결정을 더 잘 따르고 실천하는 경향이 있다. 이 긍정적인 결과는 다음 의사 결정 때 과정을 보완하고 더 쉽게 선택하도록 도와준다.

전원을 끄고 충전하라

요즘 사람들이 사용하는 정보량은 1960년대 사람들이 소비하던 정보량보다 세 배 많은 것으로 추정된다. 세계는 언제나 켜져 있다. 손끝에 닿는 인터넷으로 시시각각 들어오는 정보를 마다할 이유가 전혀 없다.

이런 연결성은 좋은 점이 많지만, 부정적인 측면도 존재한다. 온라인 기기를 지나치게 오래 사용하는 건 좋지 않다는 연구와 실제 사례도 많다. '언제나 켜져 있는' 서비스를 지향하는 구글과 애플, 야후 같은 정보통신 분야 거물급 기업들조차 이 위험을 인지하고 있다. 그래서 온라인 상태를 계속 유지해야 하는 직장 내에 명상 수업을 제공하는 등 직원의 휴식을 돕고 있다.

그런데 '언제나 켜져 있는 것'이 뭐가 그렇게 문제일까? 관련 연구에 따르면, 스마트폰이 사람들에게 어떤 정보를 전달했을 때 그걸 무시하기가 어렵다고 한다. 심지어 재미난 활동을 하고 있을 때조차 주의가 산만해진다는 것이다. 정보를 받은 이는 그 내용을 확인하지 않으면 안 될 것 같은 기분에 사로잡힌다. 더 이상한 건 내용을 확인했다고 기분 좋은 보상이 따라오는 것도 아니라는 점이다. 직원 관리 프로그램 회사인 미퀼리브리엄MeQuilibrium이 실행한 설문 결과에 따르면, 60퍼센트가 넘는 응답자가 소셜 미디어를 확인한 뒤 질투와 우울감, 또는 슬픔을 느낀다고 답했다. 70퍼센트 이상은 그들이 가진 인터넷 기기가 삶에 스트레스를 준다고 판단했다.

세 종류의 주의력

사람들이 인터넷 화면을 볼 때 나타나는 뇌의 활동은 인체가 가진 다양한 주의 집중 형태 가운데 하나에 해당한다.

가장 기본적인 뇌 활동은 비자발적 주의(Involuntary Attention)로, 무의식적인 상태에서 외부 자극에 반응할 때 나타난다. 가령 전화기를 놓치는 순간, 그것을 잡으려고 손을 뻗는 행위가 있다.

두 번째 형태는 유도된 주의(Directed Attention)다. 이는 우리 뇌가 어떤 특정 자극과 관계를 맺을 때 일어난다. 공부하거나 책을 읽을 때, TV를 볼 때를 예로 들 수 있다. 소셜 미디어를 확인할 때도 모든 이들에게 유도된 주의가 일어나며, 그에 따른 집중력을 요구한다. 집중력을 내는 데는 에너지가 필요하므로 이는 한정된 자원이라 할 수 있다. 충전되지 않으면 정신적인 피로감을 유발한다. 닳아서 소진되기 때문에, 전화 배터리처럼 충전이 필요하다.

세 번째 주의는 부드러운 매혹(Soft Fascination)이다. 부드러운 매혹은 이리저리 흐르는 무정형의 사고로, 큰 노력이 필요한 형태는 아니다. 자연스러운 환경 혹은 마음챙김 수행 중에 자주 나타난다. 사람의 뇌는 주변에서 일어나는 일, 머릿속을 오가는 생각 등을 주의 깊게 관찰하고 있는데, 편안하고 온화한 태도로 주변을 응시할 때 마음의 배터리가 충전된다.

스위치 끄기

러너가 전자기기 스위치를 끄고 마음챙김 태도로 (특히 자연환경에서) 달릴 때, 우리 정신은 빠른 속도로 부드러운 매혹에 빠진다. 유도된 주의 상태에서 약간의 여유만 생겨도, 정신의 스위치를 잠시 꺼둘 수 있다. 정신이 건강하게 기능하려면 뇌가 부드러운 매혹 속에서 시간을 보내는 과정이 꼭 필요하다. 하지만 요즘 세상은 언제 어디서나 기기를 연결할 수 있는 게 하나의 특징이라서 이 시간을 확보하기가 점점 어려워지고 있다.

마음챙김 의식이 차분하고 이완된 상태에서 더 잘 이루어지는 이유 중 하나는 인간의 뇌가 동시에 두 가지에 집중하지 못하기 때문이다. 그래서 한 번에 한 가지 일을 하는 것이 멀티태스킹보다 더 효율적이라는 사실을 증명하는 연구가 많다. 여기서 사람들이 어떻게 느끼는지는 크게 중요하지 않다. 러너는 마음챙김 태도로 달리면서 현재에 초점을 맞추는 연습을 한다. 그들은 마음챙김 상태에 머물면서 삶을 불안하게 하는 요인이나 여러 자극을 차단한다.

많은 이들이 지속적인 자극에 이미 길든 상태다. 그래서 어떤 러너들은 지루하다는 이유로 혹은 곧 지루해질 것이라 예상하며 달리는 중에 음악이나 팟캐스트를 듣기로 한다. 하지만 잠깐이나마 모든 외부 스위치를 끄고 달린 러너들은 자신의 마음챙김 주의력에 집중하는 법을 배울 수 있다. 이럴 때 미묘한 풍경과 소리, 현실 세계가 주는 감각을 느끼기 시작하는데, 이는 마치 조미료가 들어가지 않아 본연의 풍미를 풍기는 음식 같다. 달리는 동안 어떤 기기와 계속 연결돼있다는 건 결국 자신과 주변 환경이 이어질 기회를 놓치고 있는 것이다. 그리고 본인에게 꼭 필요한 재충전의 시간을 자기 손으로 빼앗는 꼴이다. 자신에게 기회를 한번 줘보자. 스위치를 끄고 충전할 시간을 허락하자.

모니카, 톰, 엘리자베스, 그리고 이 책의 제작 과정 동안 열심히 일해준 출판사 관계자들 모두에게 감사 인사를 전한다. 핏 허브와 호손에서 만난 동료 러너들의 지치지 않는 열정과 격려에도 고마움을 느낀다. 특히 거친 호흡과 고통 속에서 즐거움을 느낄 수 있게 해준 샤이린 코치에게 감사하다. 함께해준 캐롤라인, 바네사, 던크에게도, 한참 전에 이미 나를 앞질렀거나 머지않아 앞지르겠다고 겁을 주던 아누샤, 파피, 테아, 로티에게도 고맙다는 말을 전하고 싶다. 당연히 알피와 피파에게도.

전 세계 러닝 커뮤니티는 지역의 러닝 클럽들로 유지된다. 나는 내가 속한 지역 클럽, 라이게이트 프라이오리를 포함해 모든 러닝 클럽을 향해 큰소리로 고맙다고 외치고 싶다. 또 지구촌 러닝 커뮤니티에 다양한 자극을 주고, 이 조직의 활성화를 돕는 러닝 클럽의 코치들, 다양한 어르신들, 달리기 마니아들의 존재도 고맙다. 이들의 헌신이 없었다면 달리기 세계는 지금보다 더 보잘것없었을 것이다.

옮긴이의 글

이 책의 번역을 맡게 되었을 때 나는 이미 10년째 달리는 중이었다. 그래서 번역 에이전시에 내가 10년 차 러너라는 사실을 밝혔을 때, 거짓이 전혀 없는데도 괜히 찜찜했다. 사람들 대부분이 10년 차 러너에게 기대하는 바가 있기 때문이다. 고백하자면 내 기록은 그리 내세울 만하지 않다. 10년 중 큰 대회에 나간 경험은 손에 꼽을 정도고, 마라톤 풀코스도 달려본 적이 없다. 자랑할 것은 달리는 게 좋아서 꾸준히 뛰며 10년 세월을 채웠다는 사실뿐이다.

빠져나갈 구멍이 하나 있다면 저자가 이 글에서 전하고 있는 마음챙김 러닝의 본질을 이해하고 있다는 정도일까? 나는 지금, 여기에서 내 몸과 마음에 집중하며 달린다. 나의 가능성과 한계를 이해하고 있으며, 주변 환경과 이어져 자유와 평온을 누린다. 나는 이 마음가짐을 기억하며 번역 작업을 이어갔다. 한 장 한 장 그날 분량의 번역을 마치면 저자의 말을 곱씹으며 밖으로 나갔다. 그리고 달렸다. 내 호흡과 발걸음에 집중하면서.

누군가 이 글을 읽으며 '10년이나 달렸다면 이 사람은 분명 체력이 좋겠구나' 짐작할지도 모르겠다. 10년 전 본격적으로 러닝을 취미로 삼았을 때 애플리케이션의 기록을 보면 그런 말이 나오지 않을 것이다. 그때 내 속도는 차라리 종종걸음이 빠르다 싶을 만큼 느렸으며, 한 달에 두 번 달릴까 말까 한 시기도 있었다. 하지만 나는 알고 있다. 그랬던 날들 덕에 이제 일주일에 다섯 번, 한 달에 100킬로미터를 뛸 수 있는 '내'가 되었다는 사실을. 그때 그 느린 달리기가 아무리 평균 기록을 깎아 먹어도 내게는 그저 소중한 기억이다.

만약 갓 달리기를 시작한 혹은 러닝에 막 재미가 붙어 욕심을 내기 시작한 러너가 이 책을 읽는다면 하루빨리 '마음챙김 러닝'을 알게 되어 다행이라고 말해주고 싶다. 그리고 저자의 말처럼 속도나 기록보다 마음챙김에 더 무게를 두고 달려보라고 권하고 싶다. 그렇다면 달리는 사람들이 흔히 저지르는 실수를 조금 더 빨리 줄여나갈 수 있을 테니 말이다.

이 책을 번역하며 새롭게 알게 된 부분도 있다. 아무리 오래 달린 사람이라도 자기 안에 굳어진 나쁜 습관이 분명 하나쯤 있다. 내게는 이어폰이 그것이다. 밖에서 달릴 때 자연의 풍광을 즐기면서도 늘 귀에는 이어폰을 꽂고 음악이나 팟캐스트를 듣곤 했다. 하지만 저자의 조언을 따랐더니 내 호흡, 발 구름, 자연의 소리가 더 다채롭게 다가오기 시작했다. 나는 이제 이어폰에서 완벽히 자유로워졌다. 이 책을 옮기며 풀코스 마라톤에 참가해야겠다는 목표도 생겼다. 지난날 '버티기'에 가까웠던 오기가 아니라, 내 한계를 스스로 알아차릴 수 있다는 데서 오는 자신감이 새로운 목표를 가져왔다. 누구라도 마음챙김 러너가 될 수 있다. 10분 동안 동네 한 바퀴, 아니면 5분 동안 집 주변 한 바퀴만 뛰더라도 자신의 호흡에 집중하는 순간을 경험했다면, 발을 땅에 디딜 때마다 햇빛, 바람, 온도, 바람에 실린 공기를 맛보았다면 당신은 이미 마음챙김 러너이다.

소울 러닝

초판 1쇄 인쇄 2022년(단기 4355년) 3월 25일
초판 1쇄 발행 2022년(단기 4355년) 3월 31일

지은이 | 테사 위들리
옮긴이 | 솝희
펴낸이 | 심남숙
펴낸곳 | ㈜ 한문화멀티미디어
등록 | 1990. 11. 28 제21-209호
주소 | 서울시 광진구 능동로 43길 3-5 동인빌딩 3층 (04915)
전화 | 영업부 2016-3500 · 편집부 2016-3507
홈페이지 | http://www.hanmunhwa.com

운영이사 | 이미향
편집 | 강정화 최연실
기획 · 홍보 | 진정근
디자인 제작 | 이정희
경영 | 강윤정 조동희
회계 | 김옥희
영업 | 이광우

만든 사람들
책임 편집 | 박햇님　디자인 | ROOM 501
인쇄 | 천일문화사

ISBN 978-89-5699-426-0 03690